ツンツン猫をデレデレにする方法

猫のホントの気持ちを学ぶ動物行動学

根来沙弥

KADOKAWA

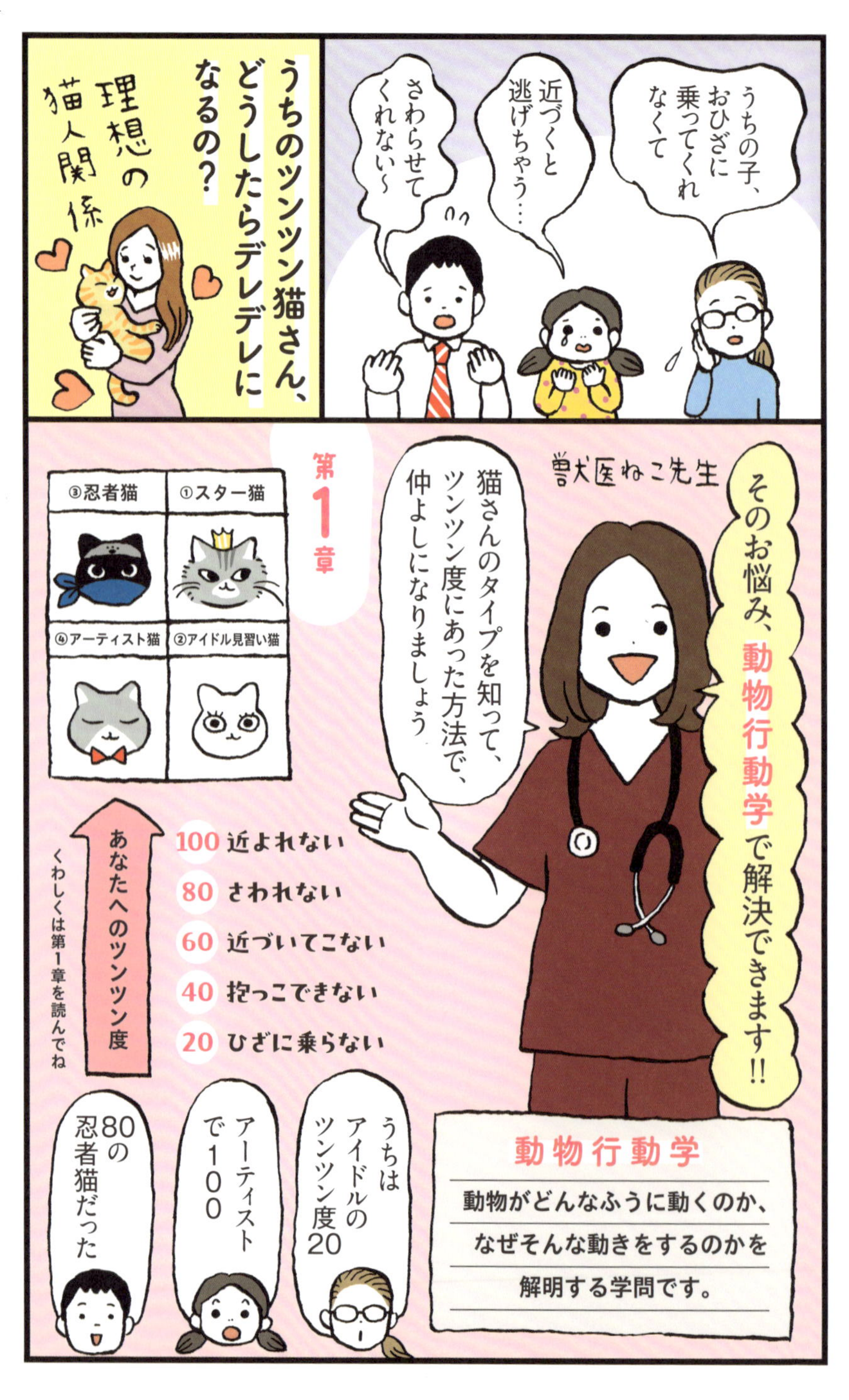
うちのツンツン猫さん、どうしたらデレデレになるの？
理想の猫人関係
うちの子、おひざに乗ってくれなくて
近づくと逃げちゃう…
さわらせてくれない～
獣医ねこ先生
そのお悩み、動物行動学で解決できます!!
猫さんのタイプを知って、ツンツン度にあった方法で、仲よしになりましょう
第1章
①スター猫
③忍者猫
②アイドル見習い猫
④アーティスト猫
あなたへのツンツン度
100 近よれない
80 さわれない
60 近づいてこない
40 抱っこできない
20 ひざに乗らない
くわしくは第1章を読んでね
うちはアイドルのツンツン度20
アーティストで100
80の忍者猫だった
動物行動学
動物がどんなふうに動くのか、なぜそんな動きをするのかを解明する学問です。

第2章
めいちゃん
第2章では、猫さんの困った行動を動物行動学を用いて解決する方法をご紹介
攻撃的
食べない
プイ
早朝鳴き
第3章
もんちゃん
第3章では猫さんに多い病気や病院選び、災害時の対応、ペットロスについて
猫飼いさんなら知っておくべきだにゃん
しゅごいい
パチ
パチ
パチ
さあ、猫デレ本を読んで、猫のホントの気持ちを知りましょう!!
『ツンツン猫をデレデレにする方法
猫のホントの気持ちを学ぶ動物行動学』
略して『猫デレ本』!
わかってもらえてうれしー!
人も猫も幸せだね!

CONTENTS

〈STAFF〉
執筆協力・編集／富永明子（サーズデイ）
装丁／榎本美香（pink vespa design）
イラスト／伊藤ハムスター
猫モデル／めい（キジシロ）、もん（チャトラ）
写真／遠藤貴也
Special Thanks ／猫ツナ会
企画・編集／田島美絵子

※本書に掲載している情報はすべて2025年1月現在のものです。
薬剤やサプリメントの服用は、獣医師と相談の上、おこなってください。

第2章

猫さんのよくあるお悩み・解決集

動物行動学を使えば、もっとデレデレ生活に！

第3章

知っておきたい、猫との暮らし

病気や病院、災害時、ペットロスまで

COLUMNS

はじめまして獣医ねこ先生と申します

本書を手に取ってくださり、ありがとうございます！

SNSを中心に「獣医ねこ先生」として猫さんに関する情報を発信している、獣医師の根来沙弥（ねごろさや）です。

私自身、大の猫好きです！　動物病院で犬猫の診療に携わり、現在はSNSで猫さんに関する情報を発信しているほか、オンライン相談サービス「アニセフ」を運営しています。そこでは勉強会や会員限定コミュニティを通じて、猫さんとの生活をより安心で楽しいものにするサポートをしています。

SNSを始めて、獣医師としてのキャリアに大きな変化がありました。それは「動物行動学」への目覚めです。

問題行動を解決する、動物行動学への目覚め

動物病院に勤務していたとき、診察にいらっしゃる飼い主さんの悩みは主に「病気になってしまった、どうすれば治せるか」というものでした。でも、SNSを通して私のところに寄せられる悩みは明らかな病気ではないもの、たとえば自宅で「噛んできます」「要求鳴きが多いです」などのいわゆる問題行動についての相談がとても多いです。実は、病院でこれらを相談されることはほとんどありませんでした。

そこで、どうすれば飼い主さんの役に立つ情報をお伝えできるかを考え、改めて猫さんについて学び直したときにたどり着いたのが動物行動学でした。

動物行動学とは、動物がなぜその行動をしているのかを解明する学問のこと。犬や猫だけでなく、あらゆる動物の行動が対象です。私たちは行動学を人間と動物がかかわる場面で応用して、あらゆる行動に関する問題の解決をおこなっています。

私が今いる動物病院の行動診療科では、それを用いて飼い主さんへの細かなカウン

セリングを通し、治療をおこないます。人間の心療内科のようなものですね。
現在私は、米国獣医行動学専門医の入交眞巳(いりまじりまみ)先生のもと、アニセフの活動と並行して行動診療を学んでいます。そこで学ぶうちに問題行動の理由がクリアになり、解決する手立てをいくつも持てるようになりました。

涙を流していた飼い主さんが笑顔になった

行動診療科での診察では、動物行動学を用いた治療を通して驚くような変化を遂げた動物たちをたくさん見てきました。最初は噛みついてさわることもできなかった子が変化し、飼い主さんはもちろん獣医師とも仲よくなってくれることが多々あります。

なかには、最初のカウンセリングのときに、愛しいはずのわが子が危険な存在に変わってしまって「手放さないといけないのではないか」と涙を流していた飼い主さんが、治療が進んで笑顔になっていく姿を見たことも幾度となくありました。

アニセフの活動でも動物行動学を用いたアドバイスをおこなっています。たとえば、急に猫さんからの攻撃行動が増え、同じ家にいることもできなくなった飼い主さんから「助けてください！」と相談を受けたことがあります。そのときは問題行動の原因を突き止め、解決に導きました。

ほかにも「要求鳴きをされる理由がわからない！」「長毛猫なのにブラッシングができない」「引っ越しのときはどうすれば？」など、さまざまな事例を解決しています。

何年経ってもなつかなかったわが子もデレデレに♡

もうひとつ、嬉しい事例がありました。それは、わが家での出来事です。

私の家にはめいともんという、2匹の猫さんがいます。私の勤務先だった動物病院に捨てられていた子たちで、どちらも女の子ですが性格は大違い！　めいちゃんは「ザ・女の子」で人見知りは激しいけれど、私にだけデレデレです。もんちゃんは誰にでもフレンドリーな猫さんですが、デレデレするタイプではなく、それはそれで愛しいものの少し寂しく感じていました。

でも、動物行動学の知識をもとにコミュニケーションを取るようにしたら、もんちゃんもすっかり私にデレデレな子になってくれました。今では「なでなでして〜」と甘えてきたり、抱っこをせがんだりするほどです。もんちゃんとの試行錯誤の日々を通して得たテクニックを第1章で紹介しています。

この本を読めば、無理なく猫さんと仲よしに！

本書では私が獣医師として学んできたこと、とくに動物行動学をフルに使って、読者のみなさんが猫さんともっと仲よくなれる方法を伝授していきます。

ベースとなる考え方は第1章の「ツンツン猫をデレデレにする5つのステップ」です。ここでは、猫さんにデレてもらうために必要な環境やしぐさのチェックを踏まえ、ツンツン度ごとに仲よくなるためのテクニックを紹介しています。

第2章では、これまで動物行動学を用いて解決してきた、さま

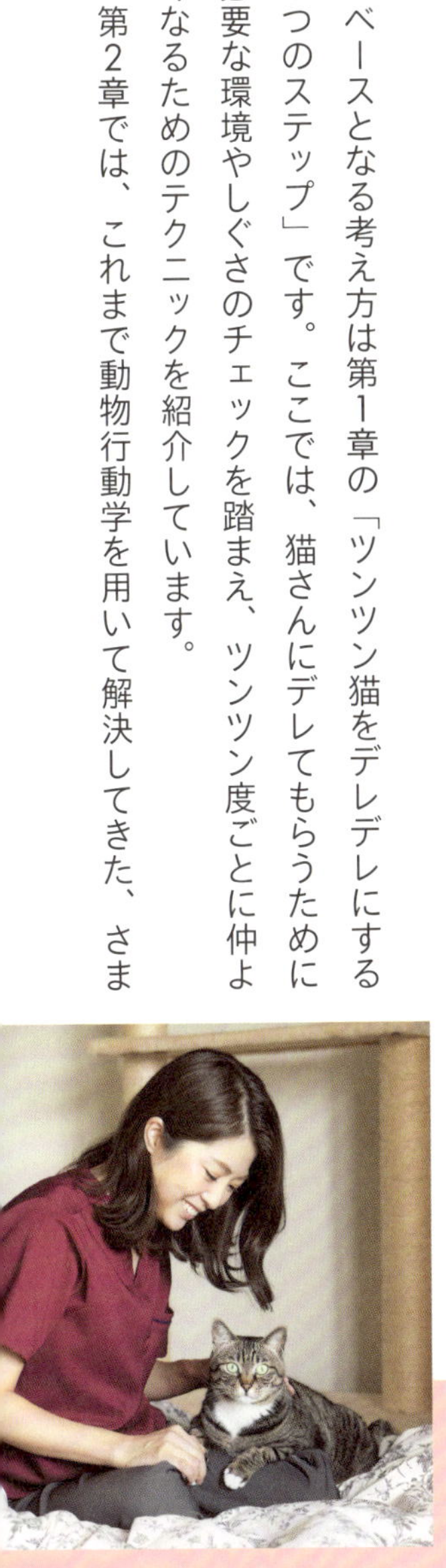

ざまなお悩み事例を紹介します。ここでも、第1章に掲載したテクニック（おやつやおもちゃの使い方など）を使いますので、最初に第1章を読んでおいていただけるとスムーズでしょう。

第3章では、病院や病気のこと、災害のことなど、猫さんに元気に暮らしてもらうために必要なことをまとめました。私は相談してくださる飼い主さんたちに「どんと構えてください」とお伝えしています。猫さんは繊細な生き物なので、人がおろおろしているとそれを察知し、不安を感じやすいのです。心配なときこそ、飼い主さんが「どんと構えて」いられるよう、第3章も目を通していただければと思います。

猫さんは基本的に慎重な動物なので、仲よくなるには「よく観察し、猫さんが望んでいることを突き止めること」が大切です！　本書を読んで実践すると、飼い主さんは自然と観察力が身につくので、猫さんのことが今よりも理解できるでしょう。そうすれば猫さんに無理をさせることなく、確実に距離を縮めていけるはずです。

もっとデレデレに幸せになってもらうためのトレーニングを、いざ始めましょう！

第1章

ツンツン猫をデレデレにする5つのステップ

仲よくなれない猫さんとの距離を縮めるテクニック集

SNSやTVで見かける、飼い主さんにデレデレの猫さんたちを観て、「うちの子もあんなふうになってほしい！」と憧れるかたは多いです。呼ばなくても駆け寄ってきてスリスリしてくれたり、抱っこしてとおねだりしてきたり、おひざの上でぐっすり眠ったりする猫さんの姿は愛らしく、毎日見ても見飽きないほど魅力的ですよね。

猫さんと仲よくなるために必要な「観察」の大切さ

最初にぜひ知っておいてほしいことがあります。猫さんと仲よくなるのに欠かせないのが「観察すること」です。日ごろからよく観察し、どんなときにどんな動き・表情・しぐさをして、どんなものが好き・嫌いなのかを知ることで、猫さんのことをより深く理解でき、無理をさせずに仲よくなることができます。観察の習慣がついていると、体調不良のときも変化をすぐに察知し、状況を把握できるのでおすすめです。

もうひとつ、仲よくなるために尊重してほしいのが、猫さんそれぞれの性格です。猫さんの性格は「遺伝半分、育ち半分」と言われ、生まれたときから決まっている部分も多いです。人間もそうですよね。いつも誰かと一緒に行動したい人もいれば、ひとりでいるほうが心地よい人もいるなど、生まれつきの素質ってあると思います。だから、猫さんによって「これ以上、踏み込まれると嫌！」というラインが違います。猫さん本来の性格に合わせ、その子なりの「デレ」を見つけるようにしましょう。

そこでまず、猫さんをよく観察し、性格を見極めることが大切です。大きく分けると猫さんの性格には次の4タイプがあります。

①世界は私のことが好き！　スター猫

好奇心が旺盛（おうせい）で、怖いもの知らずの猫さん。自信満々の態度でスターそのもの！　飼い主さんにはデレやすい。来客時も物おじせず、お客さまにはすぐにご挨拶（あいさつ）し、においチェックをしたらスリスリすることも。新しいものに抵抗が少なく、新しいフードやおやつ、

おもちゃなどにもためらいがないタイプ。

②ちょっとシャイなところも人気　アイドル見習い猫

基本的には好奇心旺盛で、サービス精神も豊富だけれど、初めましての相手や物にはちょっとシャイ。でも、慣れている人には存分にデレてくれる。来客時は様子見をするけれど、しばらくすると出てきてご挨拶。新しいフードやおもちゃには少し慎重だが、好奇心が勝って早めに試してくれる。

③賢いがゆえの慎重派　忍者猫

まるで忍者のように、慎重に物事を見極めて動く賢い猫さん。飼い主さんのことは大好きだけれど、自分の世界も大切にしているので、デレデレになるには少し時間がかかる。来客時は物陰から観察したあと、隠れることが多い。フードやおもちゃにも強いこだわりがあるので、変更するときは時間をかけてゆっくりと。

④こだわりの強い天才肌　アーティスト猫

独自の世界観を持つ、カッコいい猫さん。慎重で怖がりなのでデレにくいが、その子なりの「デレ」ポイントがあるのでツボがわかるとたまらない♡　来客時は速攻で逃げて、怖さのあまりしばらく凹（へこ）んでしまい、体調を崩す子も。フードやおもちゃを変更するときは慎重におこなうことが大切。

スター猫やアイドル見習い猫はデレてくれやすいタイプですが、かといって忍者猫やアーティスト猫がデレないわけではありません。慎重な性格の子を抱っこに慣れさせるのは大変かもしれませんが、そんな子がお部屋のなかでお腹を見せて寝ていたら、それだけでもう十分にデレデレになっている証（あかし）でしょう。

また、ほとんどの猫さんが①〜④のタイプが混合しています。たとえばわが家のめいちゃんは人に対しては③ですが食べ物に対しては②ですし、もんちゃんは人に対しては①ですが食べ物に対しては②です。総合的に見て、特性を見極めましょう。

猫さんのタイプがわかったら、その個性を大切に、無理をさせないように気をつけながら、このあとに紹介する「デレデレにする5つのステップ」を進めてください。

デレデレに欠かせない、猫さんを取り巻く環境チェック

猫さんにデレデレになってもらうには、安心できる環境をまず整えることが大切です。猫さんにとって怖いこと、緊張することがなく、リラックスした環境でなければデレさせることはできません。基本的なことではありますが、今一度、環境チェックをしてみましょう！

- □ほどよく静かな環境ですか？
- □猫さんが隠れられる場所はありますか？
- □上から見渡せる高い場所はありますか？
- □くつろげる寝床はありますか？
- □窓からお外を眺められますか？

猫さんのタイプを無視して無理やりトレーニングを進めてしまうと、かえってデレてくれないことも……。気をつけましょう！

□猫さんにとって快適な室温（22～28℃）ですか？
□おもちゃで遊ぶなど、ほどよい刺激はありますか？
□広くて清潔なトイレが頭数＋1個ありますか？
□ごはんやお水は十分にありますか？

落ち着いていて安心できる住環境は、猫さんがデレるうえで大切な「土台」です。土台が不安定なのになでたり抱っこしたりしても、猫さんはそもそも安心できていないので、デレてくれないどころか、噛んだり嫌がったりしてくるでしょう。

人間でも同じですよね。土台となる生活環境が安定していないと、自由に遊んだり、かなえたい夢に向かって集中したりするのは難しいはずです。土台づくりの大切さは、動物の欲求階層にも基づいています。

下の図で「生理的欲求」と「安全欲求」は、食事や飲み物がきちんともらえて、よく眠れて、排泄（はいせつ）もでき、病気や怪我（けが）の心配をせずに過ごせるなど、猫さんが安心して暮らすために必要な欲求のこと。この土台の欲求が満たされてから初めて、猫さんは遊んだり、ふれ合ったりという

動物の欲求階層

【出典】Curtis,1987

「行動欲求」を満たせるようになるのです。ですから、デレてもらうには、まず土台となる環境を整えることが大切です！

嫌がってない？　猫の「いやいやサイン」を覚えよう

もうひとつ、覚えておきたいのが猫の「いやいやサイン」です。本章のトレーニングを進めるにあたり、「いやいやサイン」が見られたらすぐに中断するようにしましょう。というのも、猫さんは基本的に怖がりな動物。しかも、怖いことや嫌なことをされると、それをよく覚えてしまうのです。

動物の多くが必要以上の闘争を避けようとします。そのため、バトルになりそうになったら、いきなり攻撃するのではなく「嫌なのでやめてね」というサインを出して闘争を回避しようとするのです。それに気づかずに嫌なことを続けてしまうと、うなったり、牙（きば）をむいたり、噛んだりといった、攻撃行動が始まります。

そうなったら、デレるどころじゃありません。猫さんは飼い主さんを嫌なもの認定し、問題行動が起きることもあります。そうならないように「いやいやサイン」を覚

え、ひとつでもサインが出たら無理にさわったり、構ったりするのはやめましょう。

【猫さんのよくある「いやいやサイン」】

- 耳を伏せて「イカ耳」にする
- 尻尾（しっぽ）を大きくバタバタさせる
- 瞳孔（どうこう）が開き、顔が緊張する
- 「しゃー！」と声を上げる
- 逃げる態勢をとる　…etc.

猫さんから「いやいやサイン」が出ているのに気づかず、いつの間にか飼い主さんが嫌なことを重ねていることも多いです。気をつけましょう。

猫さんに嫌われないために「やらないほうがよい行動」

嫌がることはなにもしていないはずなのに、なぜか猫さんに「いやいやサイン」

SNSで人気の「やんのかステップ」も「いやいやサイン」のひとつ。コミカルな動きに見えますが、猫さん的には安心できていない状態です

を出されてしまう……。そんなとき、見直してほしいチェックリストをご紹介します！

【猫さんが苦手な人間のふるまい】

- □近づくときの動作が大きい
- □さわり方・なで方が強い
- □猫さんの頭上からさわる
- □さわる時間が長い
- □猫さんの目を凝視する
- □大きな声で話しかける
- □大きな音を出す（足音やドアの閉め方など）
- □無理な抱っこなどで、猫さんの体を拘束する
- □しつこく追いかける
- □さわられるのが苦手な場所（お腹（なか）や足先、尻尾など）をさわる
- □ごはん中や遊びの途中など、よくないタイミングで構う

これは猫さんが激怒しているときのサイン。この状態のときにさわるのはNG！

人間の体重はおとなで50kgから80kgくらいあることが多いですが、猫さんの多くが5kg以下。そんな小さな猫さんから見る人間は、まるで巨人です。自分より数十倍もある大仏様と暮らしていることを想像してみましょう。大仏様が大きな手で頭をわしづかみにしてきたり、体を拘束してきたりしたら……めちゃくちゃ怖いですよね。自分が巨人にされて怖いことはしないのが基本です！

ツンツン度別に紹介！デレてもらえるトレーニング方法

ここからは具体的に猫さんにデレてもらうためのトレーニングを始めましょう！

本書では、猫さんの「ツンツン度」ごとに5つのステップに分けて紹介しています。

ツンツン度100…全然近くにいられない猫さん

ツンツン度80…近づけるけど、あまりさわれない猫さん

ツンツン度60…さわれるけど、自分からは近づいてこない猫さん

ツンツン度40…自分から近づいてくれるけど、抱っこはできない猫さん

ツンツン度20…抱っこはできるけど、ひざや体には乗ってくれない猫さん

忘れないでほしいのが、猫さんは本来、甘えるのが得意ではないということ。テリトリーを大切にし、一定の距離を取りたい生き物なのです。だから、一緒に住んで、近くにいてくれるだけで、その猫さんなりに十分あなたのことが好きだというサインです。ツンツン度が高いからといってダメなわけではないことを、どうか覚えておいてくださいね。

ツンツン度100…全然近くにいられない猫さん

近くに行くと逃げるなど、なかなかそばに近寄れない猫さんと仲よくなるためのトレーニングです。

ツンツン度100の猫さんに試してほしいのが、アイコンタクトを取りながら「私（人間）はよいものである」と覚えてもらう「仲よし大作戦」です。猫さんも苦手な相手とはそもそも目を合わせないので、アイコンタクトを取れることが仲よくなるためのファーストステップになります。

このトレーニングを重ねるうちに、猫さんは次第に「この人は目を合わせても嫌なことをしてこない」と学習し、少しずつ距離を縮めることができます。

【仲よし大作戦！】

①猫さんがくつろいでいるときに、優しい声で名前を呼びながら、少しずつ近づいていきます。その途中で、猫さんがいやいやサイン（P・21）を出したら、一歩退（ひ）

無理と焦りは禁物！ 少しずつ距離を縮めることで、猫さんは「この人は自分にとって心地よい距離で、いいことをしてくれる人だ」というプラスの印象を持ってくれます。

きます。その距離が現在、猫さんが心地よいと感じるパーソナルスペースです。

②パーソナルスペースの外側から、名前を呼びながら猫さんの視界に入り、目を合わせてみます。見すぎると警戒されてしまうので、まずは1〜2秒から。最初は猫さんと目が合わなくても大丈夫です。

③目が合うようになったら「○○ちゃん、いい子」と声をかけ、ゆっくりと立ち去ります。このとき、おやつを投げても効果的です。

この①〜③を1日に3回程度おこないます。いきなり5回も10回も試すのはやめましょう。猫さんも人間同様、親しくない相手に何度も近づかれると「うっとうしい」と感じてしまいます(笑)。

3日ごとに距離を縮めてみましょう。①で名前を呼びながら、パーソナルスペースに10cmほど踏み込んでみます。猫さんに変化がなければ、

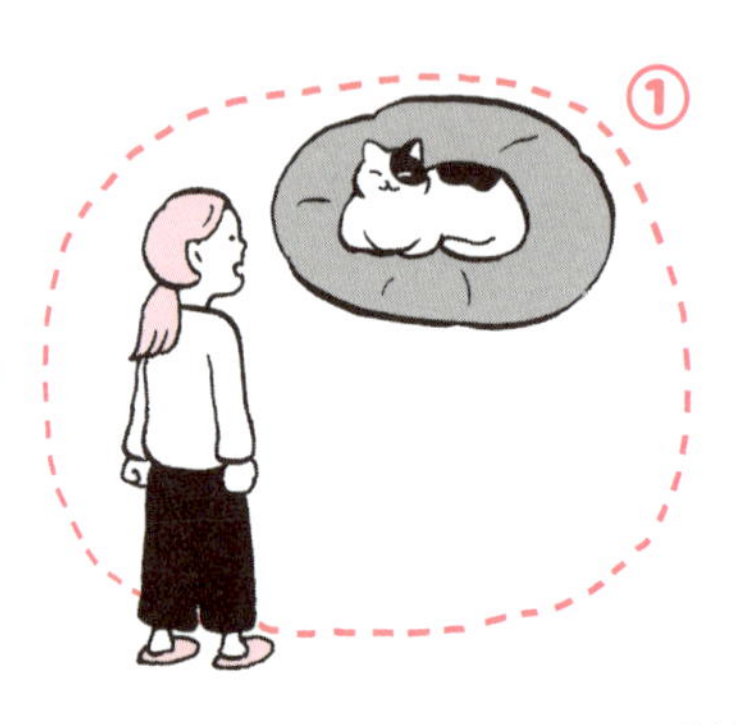

目を合わせて声をかけましょう。いやいやサインが出たら、また10cm戻ってください。そして3日後にまた10cmほど距離を縮めてみます。そうやって「嫌がらなければ近づく」「嫌がったら戻る」を繰り返しながら、少しずつ近づいていきます。

もうひとつ大切なのが、優しく名前を呼ぶことです。小さめの優しい声、いわゆる「猫なで声」は、猫さんにとって心地よいものです。無言で目を合わせると猫さんも驚いてしまうので、「これから目を合わせますよ」というサイン代わりにもなります。

ツンツン度100の猫さんにさわれるくらい近づくまでは、とにかく時間がかかります。でも、ゆっくりと距離を縮めていけば、いずれ猫さんも「この人、こんなに近くにいても無害なんだ」と気づき、緊張を解いて穏やかな顔つきになっていきます。

ステップ2

ツンツン度80…近づけるけど、あまりさわれない猫さん

近くにいることはできても、飼い主さんがさわろうとすると嫌がったり、逃げたり、場合によっては威嚇をしたりする猫さんと仲よくするためのトレーニングです。

ツンツン度80の猫さんには、少しずつなでることで「この人が近づいてくると、気持ちがいいことをしてくれる」と覚えてもらいましょう。

【なでなで大作戦!】

①猫さんがくつろいでいるときにおこないます。まずは指1本で、猫さんがなでられて気持ちがよい場所を探しましょう。背中側の腰部分から尻尾の付け根を指でトントンされたり、顔のまわりをなでられたりするのが好きな子が多いです。

②猫さんの反応を見ます。目を細めたり、スリスリしてきたり、のどを鳴らしたりしたら、気持ちがよいサインです。いやいやサイン(P・21参照)が出たら、すぐにやめましょう。

③猫さんの反応がよかったところを指で3回なでなでしたら、静かに立ち去ります。最初は「1日3なで」までです。焦りは禁物ですよ。

④数日置きに少しずつ、なでる回数を増やしていきます。最初は1日3なでだったところを、1日に3なでを2回、3回……と増やしていきます。回数を重ねたほうが、猫さんにとって「快刺激」が多いので早めに慣れてくれます。いきなり1回あたり3分も5分もなで続けるのはやめましょう。

【なで方のポイント】

ツンツン度80の猫さんをなでるときは、指1本が基本です。ふれたとき、猫さんが揺れないくらいの優しさで、そっとなでましょう。

顔をなでる場合は指1本で、猫さんのあごやほっぺを優しくなでます。ただし、猫さんは人の手が上方向から近づいてくるのを怖がることが多いので、目線よりも上から手を近づけるのは避けてください。また、顔を近づけたり、大きな声を出したりすると怖がられるので気をつけましょう。（P・22【猫さんが苦手な人間のふるまい】参照）

猫さんがなでてほしいポイントは、ほんの数ｍｍのズレで違う場合があります。よく集中し、猫さんの反応を観察しながら、おこないましょう。

ツンツン度60…さわれるけど、自分からは近づいてこない猫さん

問題なくさわれるけれど、自分から積極的にはきてくれないという猫さんです。先ほど書いた通り、さわれるということは飼い主さんを十分に受け入れているという証ですので、この状態でもすでにかなり仲よしです！　猫さんなりに満足してくれているので「まだ仲よくなれてないなぁ」なんて思わなくて大丈夫です。

とはいえ、「やっぱり猫さんのほうから近づいてきてほしい」という気持ちもよくわかります！　今までよりもう少し複雑なコミュニケーションになりますので、猫さんにより多くのメリットを提供する必要があります。そう、おやつとおもちゃです♡おやつとおもちゃは、猫さんと仲よくなるために超大切なツールです。

【超大切！　おやつの使い方】

なついてもらうためにたくさんあげようとするかたもいますが要注意です！

おやつとおもちゃの使い方は第２章でもたくさん出てくるので、しっかり覚えておいてください！

トレーニングのときは、おやつはあくまでコミュニケーションの道具。猫さんと仲よくなりたいなら、次の方法で双方向のコミュニケーションをとりながら、おやつをあげてみましょう。

【おやつのあげ方】

①猫さんの正面に向かい、優しい声で名前を呼ぶ。

②目が合ったら即座に「いい子」と声をかけて、おやつを少しあげる（目が合うまではあげないこと）。ここであげるおやつの量は、小さく砕いたカリカリを1粒、ペースト状おやつなら2mmほど。

③再び名前を呼び、目が合ったら②をおこなう。5～10回ほど繰り返す。

ポイントは「いい子」と褒めてあげること。おやつと「いい子」という褒め言葉が結びつくので、そのうちにおやつがなくても「いい子」と言うだけで、猫さんはいい気分になってくれます。そのうちに、名前を呼んだり「いい子だね」と声をかけたりしただけで、猫さんのほうから近寄ってきてくれるようになるはずです。

少量のおやつを何度もあげるのが大切です。お腹がいっぱいになると、おやつの効果が薄れてしまうので、ちょっとずつで十分！　反復練習のためには、小分けできるおやつが便利ですね。ペースト状のおやつの場合は、2mm出してひとなめするのを繰り返し、10回で1／3本を目安にしてください。

【超大切！　おもちゃの使い方】

私のInstagramアカウントでアンケートを取ってみたところ、こんな結果が出ました！

多くの猫さんがしっかり遊んでくれているようで

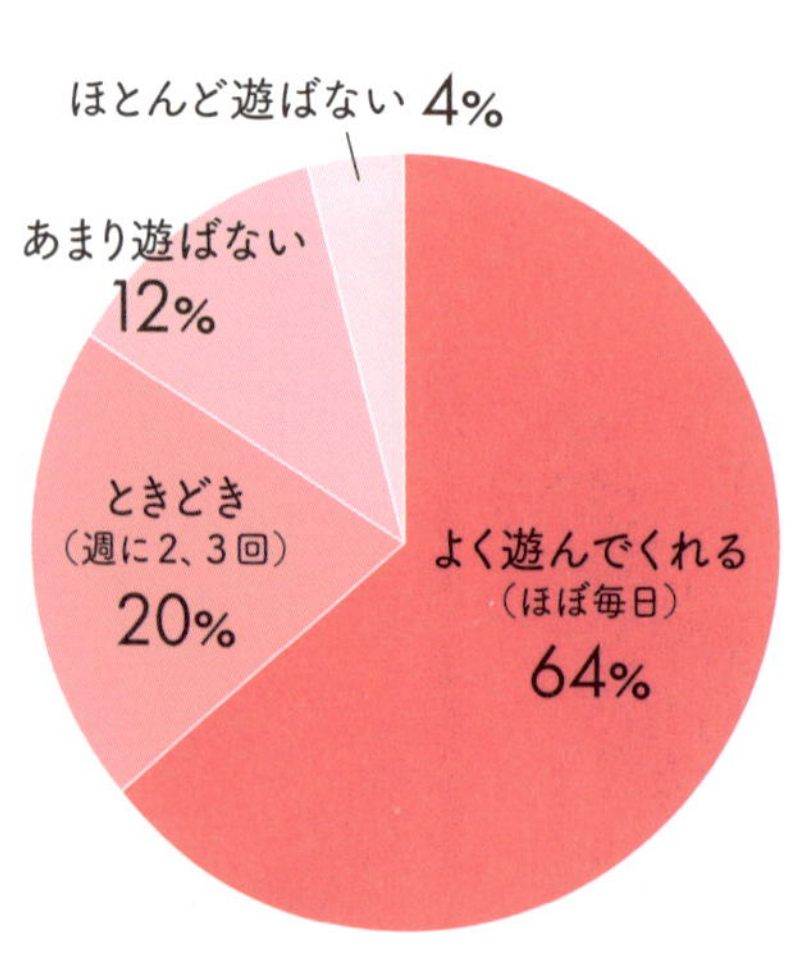

お家の猫さん、遊んでくれる?
（単数回答／840名）

嬉しい結果となりました！　でも、一方で「うちの子、全然遊ばないんです……」というお悩みの相談もよく受けます。

猫さんと仲よくなるには、実はおもちゃはとても重要です。私が普段見ていて、猫さんとコミュニケーションが取れているかたは、遊び上手なかたが多いです。というのも、うまく猫さんと遊ぶには、よく観察して、その子に合わせたおもちゃを選び、工夫して遊ばせる必要があるからです。

猫さんにとって遊びは、狩りの本能を満たすもの。しっかり遊べば本能が満たされてストレスを発散でき、健康によいのはもちろん、生活の満足度も上がります。さらに飼い主さんと遊ぶことで、猫さんは「この人は楽しいことを提供してくれる人」と認識するので、絆も深まるでしょう。

遊ぶときにも大切なのが「観察」です。猫さんによって好き

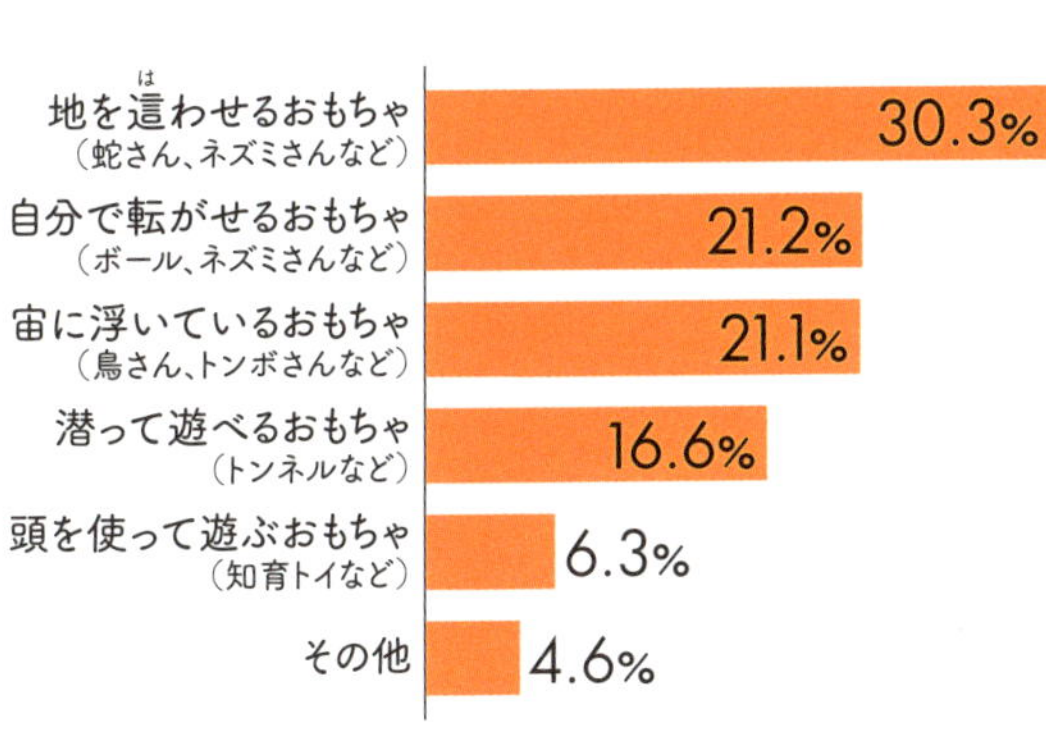

お家の猫さん、どんなおもちゃ・遊びが好き？
（複数回答／940名）

なおもちゃや遊び方は異なります。こちらもアンケートを取ってみたところ、猫さんの好みはかなり個体差がありました。

好みに合わないおもちゃを使っても、猫さんは遊ぼうとしません。最初はなるべく異なる種類のおもちゃをいくつか用意して、猫さんの好みを探りましょう。

また、遊び方にも特性があります。動いているおもちゃにしか反応しない子、動いていないボールを自分で転がしたい子、物陰に隠れているおもちゃに反応する子……など、さまざまです。また、激しく走り回りたい子もいれば、横になったまま静かに集中したい子もいます。お家の猫さんがどんなおもちゃ、どんな遊び方に興奮するかを、実験気分で探ってみてください。

【おもちゃでの遊び方】

猫さんと遊ぶうえで大切なのは、タイミング。眠いときに遊びに誘っても、猫さんは遊んでくれません。爪をといで「さぁやるぞ!」というときや、構ってほしそうに

ウロウロしているときなど、猫さんが活動的な気分のときに誘ってみましょう。

それから、大切なのが「根気強く待つ」こと。猫さんは急に全開で遊ばないので、飼い主さんが上手に誘って、遊びたい心に火をつけてあげる必要があります。すぐ反応してくれなくても諦めないで。

一般的に猫さんはしばらく待ち伏せしてから襲いかかることが多いので、おもちゃを物陰からチラチラと見え隠れするように動かすと、テンションが上がってきます。目を大きく見開いておもちゃを見つめ、腰を高く上げて振り始めたら「今から行くよ！」の合図。ひとたび猫さんの心に火がつけば、一気に遊んでくれるはずです。

遊び始めたら、わざと捕まえさせてあげることも大切です。いつまでも捕まえられないと、猫さんは自信を失って、遊ばなくなってしまいます。3〜4

回に1度はわざと捕まえさせて、満足度を高めましょう。
遊び終えたら、ごはんやおやつをあげるのもおすすめです。ライオンやトラなどの猫科動物は通常、狩りをして獲物を捕まえたら、それを食べますよね。それと同じで、狩り（遊び）を終了させたところで、ごはんにしてあげるとよいでしょう。

ステップ4 ツンツン度40…自分から近づいてくれるけど、抱っこはできない猫さん

自分から近づいてきて、ご機嫌なときはスリスリもしてくれるくらい仲よしなのに、「抱っこは断固拒否！」という猫さんもたくさんいます。抱っこについてもアンケートを取ってみたところ、頻繁に抱っこできない猫さんはほぼ半数でした。

まず覚えておいてほしいのが、すべての猫さんが抱っこできるわけではないということ。そもそも、猫さんは体を

回答	割合
頻繁に抱っこできる	46%
時々なら抱っこできる	27%
抱っこは嫌がる	27%

お家の猫さんを抱っこできますか？
（単数回答／902名）

ホールドされたり、ほかのものに体を密着されたりするのが苦手です。だから、このトレーニングをしてもうまくいかなかったからといって「抱っこさせてくれないのは信頼されていないから」と悲しまないでくださいね。

そして、このトレーニングは3カ月程度続けるのが目安ですが、なかにはもっと時間がかかるケースもあります。わが家のもんちゃんも、抱っこを許してくれるまで7年近くかかりました（笑）。そのくらい根気が必要なので、焦らないことが大切。焦れば焦るほど、猫さんに無理強いすることになり、憧れの抱っこは遠のいてしまいます。

抱っこトレーニングをおこなう場合、タイミングが大切です。猫さんが興奮して遊んでいるときや寝ているときはNGです。くつろいでいるときであれば、成功体験を積みやすいでしょう。

【抱っこ大作戦！】

各ステップで猫さんにふれるときは、名前を呼んで「いい子」と声をかけてください。うまくできたらおやつをあげるのも効果的です。1日3回くらい、トレーニングをおこないましょう。

①座っている猫さんのそばにいき、しばらく腕を密着させます。もし腕を嫌がるようであれば、指1本、3本、手のひら……と段階を踏んでから、腕に進みましょう。

②猫さんの脇の下から片手を入れ、手のひらで胸を支えながら5mm～1cm程度持ち上げます。ろっ骨に圧がかかることに猫さんが慣れてくれるまで続けましょう。

③②の状態で猫さんの上半身をもう少し高く持ち上げ、もう片手でお尻（しり）の下を平らに支えます。人間の体（胸からお腹）に引き寄せ、優しく密着させます。

④③から、猫さんがなるべく揺れないように、ゆっくりと抱き上げます。傾かないように支えておきましょう。猫さんを強く抱

②

きしめず、上半身をふわっと抱えてください。

このやり方のポイントは、①〜④までのステップを一気に進めないこと。たとえば、③で猫さんから「いやいやサイン」（P・21参照）が出たら、その日は終了。翌日はまた①②をしてから③をおこない、猫さんが③に慣れてから④に進んでください。抱っこが苦手な猫さんの場合、次のステップに進むまで1〜2週間かかると思っておいたほうがよいでしょう。

また、プロセスを細かく刻むことが大切です。失敗するかたのお話を聞くと、大抵が焦りすぎです。たとえば、③や④で持ち上げたときに嫌がるなら、持ち上げる高さをもう少し低くするなど、変化値が少なくなるように工夫してあげましょう。

ツンツン度20…抱っこはできるけど、ひざや体には乗ってくれない猫さん

ここまでくると相当ラブラブなのですが、抱っこはできてもおひざに乗ってくれないと残念そうに語る飼い主さんは多いです。その気持ちもよくわかります！　確かに、抱っこは人間側が工夫すれば実現できますが、おひざは猫さんが自発的に乗ってきてくれないと難しい……と思ってしまいますよね。

こちらもInstagramで取ったアンケート結果ですが、おひざに乗る子と乗らない子、ほぼ半々でした。抱っこ同様に、おひざに乗るのも猫さんの個性に左右されます。

ただ、私もいろいろ試行錯誤をしてきた結果、「自主的に乗ろうとしない子に、おひざに乗る習慣を身につけてもらうのは難しい」と感じました。だから、最初は飼い主さんから働きかける必要があります。そこで編み出した、私

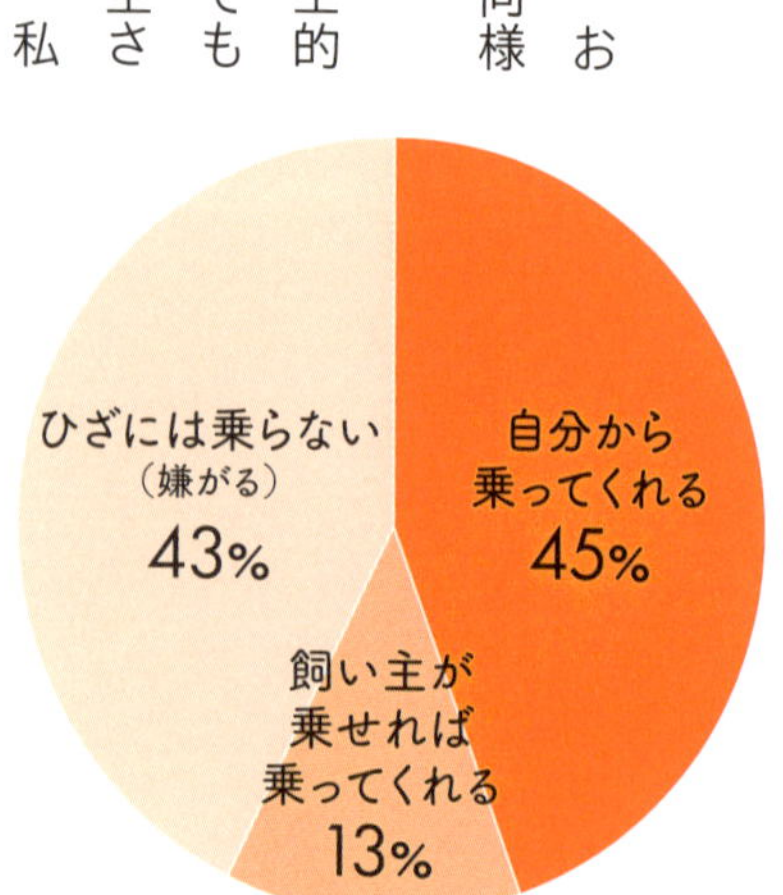

あなたの猫さんは、おひざに乗ってくれますか？

（単数回答／867名）

なりの方法を伝授します！

【おひざ大作戦！】

①椅子に座り、猫さんの背中側から両脇を支えます。

②人のスネを伝わせながら、猫さんをひざ方向に持ちあげていきます。このとき、猫さんのお尻（しり）が人の体から離れないようにしましょう。

③そのまま、猫さんをおひざの上に乗せます。猫さんが落ちないように、両脇は支えたままにして、落ち着くまでそっとしておきましょう。

通常、おひざに乗せる方法として、抱っこの形からひざ上に下ろすやり方が紹介されているのですが、猫さんがひざ上に

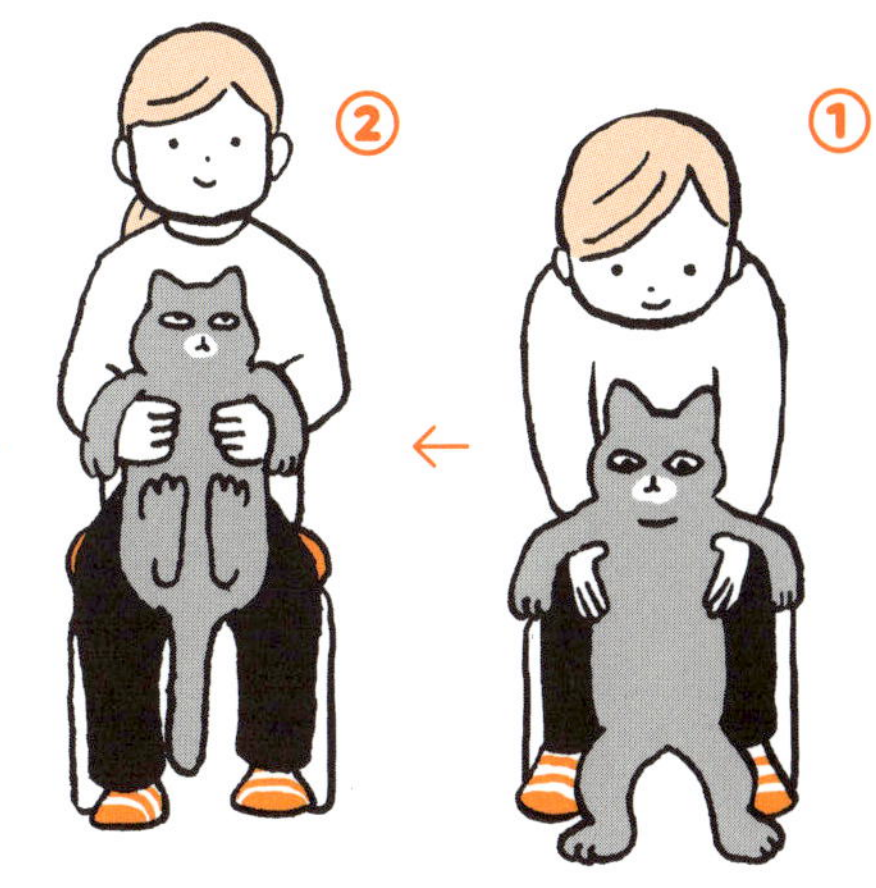

立ってしまい、不安定なので落ち着いてくれません。

前ページで紹介したやり方であれば、猫さんはずっと飼い主さんの足に接触していて、宙に浮いているときがないので不安定さを感じにくく、落ち着きやすいです。おひざに乗ったところで「いい子」と声をかけながらおやつをあげると、「おひざに乗るとよいことがある」と覚えてくれます。

おひざに乗るのが好きになれば、次第に猫さんもひざ上で心地よい体勢を取ってくれるようになり、さらに自主的にひざに乗ってくれるようになるでしょう。自主的に乗らなくても、「おひざに乗せて」とおねだりしてくれるようになるはずです（わが家のめいちゃんはおねだりしてくれます！）。

ここまでくれば、猫さんのデレデレ度が上がっているのはもちろんですが、飼い主さんも猫観察スキルが上がっていることを実感できると思います。お家の子の性格がわかり、どんなふうに工夫すれば喜んでもらえるかがわかるようになるので、猫さんだけでなく、人にとっても快適な生活が送れるでしょう。

そして、どのレベルでも「猫さんが嫌がったらやめて、ひとつ前のステップに戻る」のを心がけてください。飼い主さんが無理をさせてこないとわかれば、今まで以上に猫さんからの信頼感が増して、デレデレになってくれますよ♡

COLUMN

猫さんと出会って
人生変わったエピソード集

その1

お迎え4カ月で難病にかかった愛猫から学んだこと

「お家に来たばかりのときのこたろう。すでに生後9カ月でした」

「この子を迎えなかったら後悔する」と感じて迎えた

中学生のときに家にいた猫さんの死があまりにショックで「いつかまた猫を」という気持ちは長らくわかなかったです。でも、おとなになったある日、近所のペットショップでかわいい子猫に出会いました。それが、こたろうです。

私は保護猫を迎えたい気持ちがあったので、相当迷いました。でも、なぜかこたろうは誰にももらわれず……出会ったときは生後5カ月だったのに、8カ月、9カ月と成長し、ケージも一番下の段の端っこになり、値段も下げられていくのを見て、この子はどうなってしまうのかと不安でたまりませんでした。「この子を迎えなかったら後悔する」という思いから、お迎えを決めたのです。

難病「FIP」を発症

お迎えして4カ月後、FIP（猫伝染性腹膜炎）を発症しました。少し前までは一度発症すると致死率が非常に高く、治療法も予防法も何もはっきりわかっていない恐ろしい病気でした。

あるときから元気がなく、食欲もないのが気がかりでした。すぐ病院に連れていき、レントゲンを撮ったら腹水が溜まっていて、先生から「もし

こたろうママ（神奈川県）
愛猫：こたろう
（男の子・3歳）

※このコラムは、ねこ先生が運営する「アニセフ」内のコミュニティ「猫ツナ会」メンバーのエピソードを掲載しています。

「穏やかに眠り、ごはんを食べて、と今は日常を楽しんでくれています」

かしたらFIPかも」と言われたのです。「検査に出すから、数日後に結果を聞きにくるように」と言われましたが、もし本当にFIPならば、そんな悠長なことは言っていられません。

そこで、すぐにFIPの治療実績が豊富な先生を探し、翌日に予約して連れていきました。診断ではほぼ確実にFIPだろうということで、その日から投薬が始まりました。

投薬や通院によって、生活が一変

FIPの治療薬はあるのですが、日本では未認可薬のため、非常に高額です。しかも、84日間ほど飲ませ続けるのが基本。でも「今こそ貯金を使うべきときだ！」とすぐに決断しましたね。こたろうが使用したお薬の代金として、トータルで軽自動車が1台買えるくらいは支払ったと思います（重症度や体重、薬の種類によって異なります）。

自宅での投薬はつらかったです。しかも、投薬時間の前後2時間は絶食させる必要があるので、つらい思いをしているこたろうにおやつをあげることもできず、胸が痛みました。さらに、週に一度は病院で検査をおこない、経過を観察します。通院日が火曜日になったので、上司に相談して火曜の午前は休みを取る生活になりました。

土日も投薬があるので出かけられませんでした。平日は私が看病をしていたので、夫が「土日は自分が面倒を見るからリフレッシュしておいで」と言ってくれたのですが、心配でそれどころではなく……結局ずっと家にいる生活でしたね。

「お薬の副作用のせいで、毛もおひげも全部抜けて、まったく違う風貌になってしまいました。でも『そんなこたろうも、こたろうだよ』と思っていました」

「寛解後の元気な姿です！ 基本的に穏やかで優しい子ですね」

ねこ先生から一言！

迷わずすぐに病院に行ったおかげで早期発見ができ、重症化を防げました。FIPの治療薬は本当に高額なので、ためらっているうちに重症化してしまうことが多いのですが、すぐに決断したこともよかったのだと思います。本当に大変だったと思いますが、それでも「一番頑張ったのはこたろう」とおっしゃる姿に心打たれます。

人生最大の決断を迎えて

ただ、投薬を続けてしばらく経ったころ、今後の治療方針を決めるためにも、日本でもっともFIP治療数の多い別の先生を見つけ、セカンドオピニオンをお願いしてみました。すると、その先生は治療方針の変更を勧めてくださいました。その先生のところに転院するかどうかは、本当に大きな決断でした……人生最大の決断と言ってもいいくらい。でも、どうしても嫌な予感が消えず、ついに転院を決意したのです。

結果的に、転院先の先生のもとに通い続けたことで、最終的には「寛解」のお言葉をいただきました！　再発したらどうしようかと気が気ではなかったのですが、先生を信じてお任せしてよかったです。元気になって、毛もひげも生え変わって普通の姿に戻っていくのを見るのは本当に嬉しかったですね。

一番頑張ったのは私たちではなく、こたろう

こたろうを迎えたときは、まさか自分たちがこんな凄絶な闘病にかかわることになるとは思ってもみませんでした。私と夫も頑張りましたが、一番頑張ってくれたのはこたろうです。私たち家族のところに来てくれて、本当によかったと思います。

今は、何気ない日常の大切さを噛みしめています。こたろうが走り回ったり、ごはんをよく食べてくれたりする日常が本当に幸せです。これまで波乱万丈だった分、これからは穏やかに元気に過ごしてほしいです。

「体調がよくなって、本来持っていた好奇心がむくむくと出てきました（笑）。高いところに飛び乗ったり、入ったことのない場所に潜ってみたり」

第2章

猫さんのよくある お悩み・解決集

動物行動学を使えば、もっとデレデレ生活に！

動物行動学の知識を使えば猫さんの「困った行動」は減らせる！

「動物行動学」は、動物がなぜその行動をしているのかを研究・解明する学問です。行動診療科には、さまざまな問題行動を抱えた動物を連れた飼い主さんが相談にいらっしゃいます。

一般的に、問題行動と呼ばれるものには2種類あります。

①その動物にとって普通ではない行動、行動の回数
（大声で何度も鳴く、攻撃的になる、粗相をするなど）

②その動物にとっては普通だが、人間には不都合な行動
（朝早く起きる、家具や壁で爪を研ぐ、物を落とすなど）

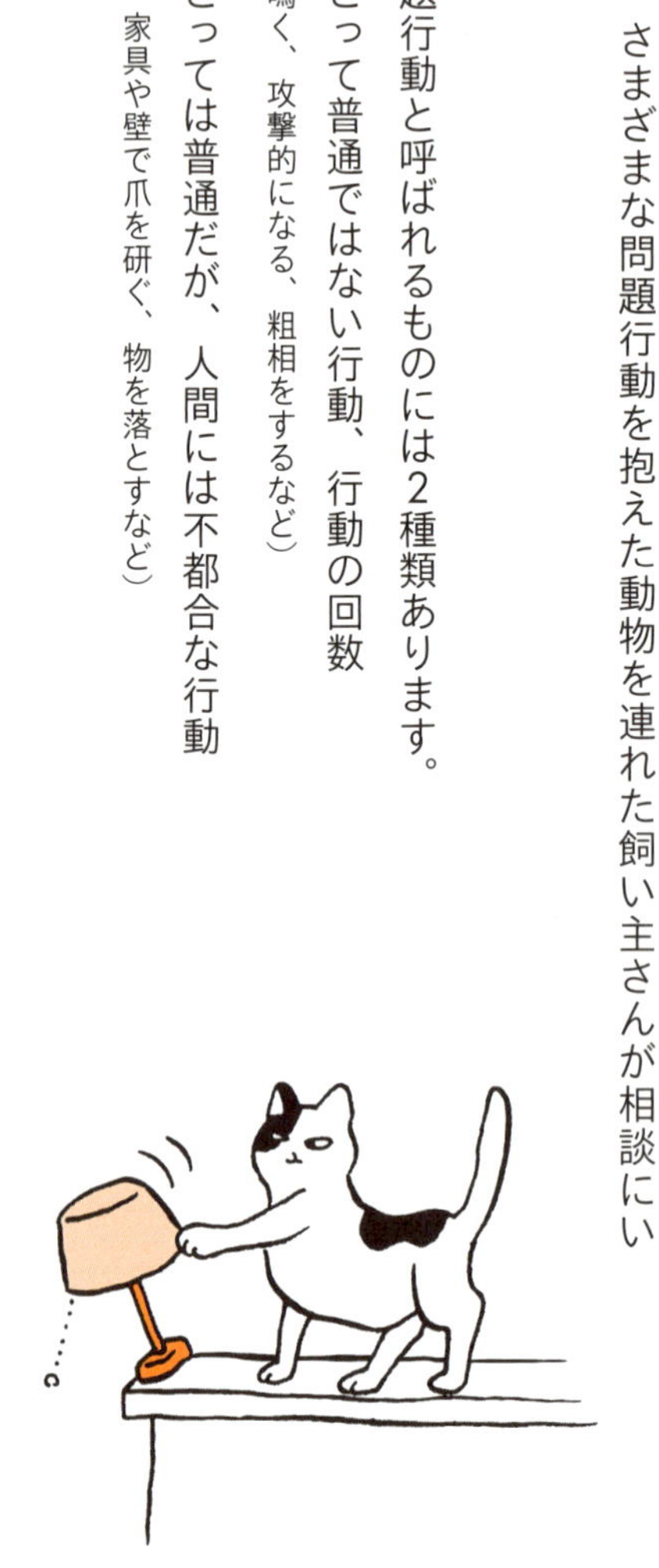

明らかに問題を抱えている①もあれば、②のケースでもよく相談を受けます。たとえば、猫さんは夜明けと夕方に活発になる習性があります。そのため、朝早く起きて食事をしたり遊んだりするのは猫さんにとっては自然なことですが、人間には眠い時間帯なので、猫さんに起こされてしまうと人間にとっては問題行動と認識されてしまうのです。

私たちは①はもちろん、②の場合でもお手伝いをしています。飼い主さんから詳しいお話を聞きながら、動物行動学の知識を用いて「なぜその行動が起こったか」を突き止め、次に「どうすればその行動を人間と共存できる形に修正できるか」を考えて、その子に合う治療プランを提案します。

本章では、よく寄せられるお悩みの解決策を事例とともに紹介しています。カテゴリーごとに動物行動学をもとにした原因と対策を解説しているので、まずはそこを読んで解決策を大まかに理解してみましょう！ そのあとに各事例に載せた知識やテクニックを参考にしてください。

要求鳴きが多い

（原　因）

- 「鳴いたら応えてもらえた」と学習したため

（対　策）

- 鳴く前に先回りして欲求を満たす
- 要求のタイミングでは応えないようにする
- おやつを使って気持ちの切り替えをおこなう

猫さんが「うにゃーん！」「なおーん！」と鳴いて、何かを訴えてくるときの鳴き声を一般的に「要求鳴き」と呼びますが、これに悩んでいる飼い主さんは多いです。人間同様、猫さんも学習する生き物です。要求したいことがあって鳴いたらかなえられたという成功経験を重ねた結果、「鳴けば要求が通るぞ！」と学習し、要求鳴きが増えていきます。実は要求鳴きの増減は、飼い主さんの行動次第なのです。

ですので対処法としては、鳴く前に先回りして要求を満たすことで、「鳴いた→要求が通った」というループを途切れさせることです。
なお、「要求鳴き」と呼ばれていますが、猫さんによっては要求のあるときに物を落としたり、邪魔をしたり、圧をかけてきたりと、さまざまなパターンがあります。

それ以外にも、不安や恐怖を抱えたことで鳴いている場合もあります。その場合は、おやつを使って気持ちを切り替えてもらう（P・57参照）のがおすすめです。
シニア猫さんの場合、認知機能が低下したことで鳴いている場合もあります。猫さんの認知症についてはP・128を参照してください。

お悩み

構ってほしがりなタイプです。鳴いたら遊んであげるようにしていたら、どんどんひどくなってきて、今では早朝や食事中も鳴かれて、どうしていいかわかりません。

鳴いたら遊ぶというサイクルをやめることがポイントです。そのためには、要求される前に遊ぶこと！ 1日のなかで遊ぶ時間を増やすことが大切です。それにより、このケースでは要求鳴きが激減しました。（遊び方のコツはP・34参照）

もし「ごはんがほしい」と鳴いている場合は、食事量やカロリーを見直し、お腹がすかないように工夫するのがおすすめです。早朝に鳴かれてしまう場合は、自動給餌（きゅうじ）器を導入して、ごはんが自動で出てくるようにセットしておいてもよいでしょう。または、猫さんが夜に眠る直前に、少量だけごはんをあげておく手もあります。

なお、猫さんが鳴いているときに「うるさいよ！」「静かにして！」と怒っても、要求鳴きはやみません。怒りも反応の一種なので、余計に鳴いてくることもあります。それどころか猫さんに恐怖を与え、関係が悪くなることもあるので気をつけましょう。

お悩み

とにかく要求鳴きが多いのですが、なにを望んでいるかがわからず、困っています。いろいろ試したのですが……。

猫さんが鳴いている理由がはっきりしない場合は、何をしたら鳴きやむかを探ってみましょう。考えが読み取りにくいときは、次の「猫さんの要求あるある」をひとつずつ見直していきます。

空腹による要求鳴きの場合、１日の摂取カロリーが足りなくて、猫さんは万年腹ペコ状態……というケースは意外に多いです。一度カロリーを計算し直してみましょう（計算方法はP・71参照）。

・「お腹すいたよ!」→摂取カロリーを再計算する(P.71参照)
・「暇だな〜」「もっと遊びたい!」→遊び方・遊ぶ時間を増やす(P.34参照)
・「トイレが好きじゃない」→トイレとトイレ環境を見直す(P.85参照)
・「落ち着かないよ〜」→くつろげる場所、スペースを作る

どこから手をつけたらいいかわからない場合は、たとえば「今週は徹底的に遊びの時間を増やしてみる」とか「今週はごはんの量をカロリー通りにあげてみる」のように、「〇〇ウィーク」を作って試していくのもおすすめです。1週間続けるうちに、どこかで猫さんが満たされて要求鳴きが減ってくるポイントがあるはずです。

なお、ある日いきなり要求鳴きが増えた場合は「最近、何か変化はなかったか」を考えてみるのがおすすめです。たとえば、ごはんの種類を変えたとか、気に入っていたおもちゃをしまってしまったとか、お留守番が増えたとか、ちょっとした変化を書き出してみましょう。それが要求鳴き改善のヒントになることは多いです。

食事量は足りているのにおねだりする食いしん坊さんの場合は、食事回数や食器の変更がおすすめです(P.73の事例を参照)。

CASE 2

噛み癖がひどい、攻撃行動がある

〔原　因〕

- 遊び不足
- 「やめてほしい」の意思表示
- 不安や恐怖など、葛藤によるもの

〔対　策〕

- 遊ぶ時間を増やす
- 噛んだときに反応しない
- おやつを使って気持ちの切り替えをおこなう

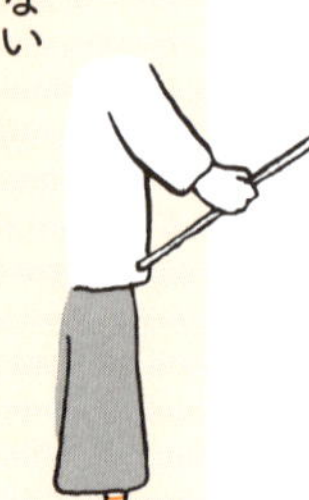

噛み癖の相談は、私のところに寄せられるお悩みのなかでもとくに多いものです。噛んだり攻撃したりする理由はさまざまですが、遊び時間を増やすことで解決することが非常に多く、私も驚くほどです。

猫さんは狩りをする動物です。狩りができない、つまり遊び不足だと本能の欲求が満たされず、さまざまな問題行動（過剰に鳴く、噛むなど）につながることがあります。シンプルに遊びの時間を増やすことが、まず試したい対策です。

遊び不足以外では、どうしたらいいかわからない混乱を抱えて噛む場合もあります。また、なですぎているなど、過剰な行動をやめてほしいと噛むことで伝えているときもあります。猫さんが苦手な人間のふるまい（P・22参照）を見直しましょう。

お悩み

出かけようとすると「行かないで！」とばかりに飛びかかってきて、足を噛んだり蹴（け）ったりされます。おもちゃで遊んでいる隙（すき）に出かけようとしましたがダメでした。

夜に遊びたい気持ちが満たされれば、朝に襲ってこなくなることが多いです。この場合は夜にしっかり遊ぶ時間をつくることで猫さんは満足でき、襲ってこなくなりました。毎晩遊んだら2週間ほどで効果が出始め、1カ月後には襲われなくなったそうです！（早朝に遊ぶ時間がある飼い主さんなら、朝に遊んでもOKです）

さらに、出かける前に知育トイ（中に入ったフードやおやつを取り出すために、猫さんが試行錯誤できるおもちゃ）を設置し、猫さんにひとりでも遊んでもらえるようにしました。お

母さんが子どもに「絵本を読んで待っててね」と渡すイメージですね。
前夜たっぷり遊んで満たされているので、知育トイに集中している間に飼い主さんが出かけても気にならず、落ち着いて過ごしてくれるようになったそうです。
猫さんにも個性があって、そんなに遊ばなくても満足する子もいますが、息が切れるほど遊んでも「まだまだ!」と走り回る子もいます。後者の場合、なるべく遊ぶ時間を作ってあげてください。もちろん、飼い主さんが忙しいときは、自動で遊べるおもちゃでもOKですよ。

お悩み

うちの子が襲ってきます。爪を立てて私の背中を引っかいたり、肩に乗って髪をくわえて振り回したり、さらに頭や腕もガブガブ噛んできて、生傷が絶えません(涙)。

猫さんの行動には、必ず何らかの原因があります。私がご相談いただく困った行動は「お腹がすいた」「遊びたい」など理由のはっきりしているものが多いですが、なかにはどうしたらいいかわからないイライラや不安、混乱がその行動の原因となっていることもあります。猫さん自身で気持ちが処理できず、「なんかやだ、怖い！」「むしゃくしゃする！」と感じたことが攻撃行動につながってしまうのです。

このような混乱を抱えた猫さんに対しては、「気持ちのリセットをお手伝いする」のが効果的です。ここでは診療でも使う「拮抗条件づけ」という手法を使いました。

これは記憶のメカニズムを使って、行動を修正していく方法のひとつです。この場合は、おやつを使って猫さんの「怖い」などの不快な感情とは拮抗する（相反する）「嬉しい」という感情を引き出すことができます。そうすることで猫さんは気持ちを切り替えることができるのです。

ポイントは猫さんをよく観察して、襲われる前に猫さんの大好物をあげること。猫さんが興奮状態になったら、その興奮が収まるまで、大好きなおやつをくり返しあげましょう。「わんこそば」ならぬ「わんこおやつ」状態で、落ち着くまで何度もあげてください。猫さんもおいしいおやつを何度も口に運ぶことで、次第に「あれ、なんだっけ？」と心が落ち着いていきます。

おやつの上手なあげ方は
P.31 を参考にしてくださいね！

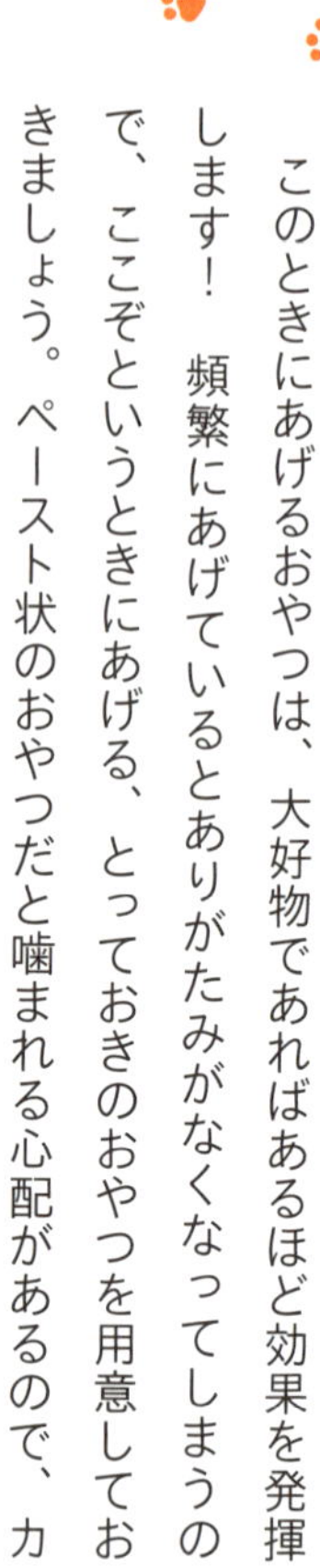

このときにあげるおやつは、大好物であればあるほど効果を発揮します！　頻繁にあげているとありがたみがなくなってしまうので、ここぞというときにあげる、とっておきのおやつを用意しておきましょう。ペースト状のおやつだと噛まれる心配があるので、カリカリタイプのほうがあげやすいと思います。

なお、レアケースですが、人間が大怪我をするくらい激しい攻撃行動をする猫さんがいます。そこまで通常では考えられない行動をするということは、脳のブレーキがかかりづらくなっている可能性があります。

この場合は、投薬による治療が必要になる場合があります。過度に襲ってくるなら、早めに病院の先生に相談したほうがよいでしょう。

CASE 3

夜中・夜明けに起こされる

（原因）

- 猫は朝早くから活動する生き物
- 夜ごはんの時間が早すぎる（または食間が長すぎる）
- 遊び不足

（対策）

- 夜ごはんの量を増やす
- 夜中に自動給餌器をセットする
- 夜寝る前にしっかり遊ぶ

猫さんは「薄明薄暮性（はくめいはくぼせい）」といって、夜明けや夕方のような薄暗い時間に活発になります。野生の猫科動物はその時間帯に狩りをし、ごはんを食べ、眠るのがルーティンで、猫さんも本能的にその性質を持っています。

そのため、猫さんが夜中・夜明けに起き、そこでお腹がすいていれば飼い主さんを起こして「ごはん、ちょうだい！」とおねだりし、遊びたいときは「遊ぼうよ！」と誘ってくるのは自然なことなのです。

そのため、早朝に起こしてくる理由の多くが「早朝が活発な時間帯なので遊んでほしい」か、「夜ごはんが足りなくてお腹がすいてしまった」かです。
早朝にごはんをあげても鳴きやまない場合、遊び不足のことが多いです。一方で、ごはんをあげたら満足して鳴きやむなら、シンプルにお腹がすいている可能性があります。

お悩み

朝早くから大きな声で鳴いて起こされます。しかも、ごはんを食べたあとも落ち着かず、私は二度寝ができずに寝不足です。

朝に起こされて困っている飼い主さんはとても多いです。なかには朝方どころか、真夜中の2時や3時に起こされて困っているかたもいて、そうなると大変ですよね。でも、このお悩みはきちんと対策すれば解決することがほとんどです！
早朝にごはんをあげてもまだ騒いでいるのは、遊び不足の猫さんが多いです。とはいえ早朝から遊ぶのは難しいので、この相談者の猫さんの場合は夜に寝る前、15分ほど猫さんとしっかり遊ぶ時間を作ってもらいました。
すると、猫さんは疲れてからぐっすり眠るので、朝起きる時間が遅くなり、さらに朝ごはんを食べたあともまだ疲れているので、すぐ寝てくれるようになったのです。

一方で、ごはんをあげたら満足して鳴きやむ場合、お腹がすいていることが多いです。その場合は、夜ごはんの時間を遅くする、総量はそのままで眠る前に少しだけごはんをあげる、小分けにして回数を増やす、自動給餌器を活用するなどの方法で工夫するとよいでしょう。

なお、必要摂取カロリーを計算してみたら、実はごはんの量が全然足りていなかったというケースは意外に多いです。とくにウェットフードのみ、またはウェットフードとカリカリを混ぜている場合、計算が複雑になるので足りていないことがあります。

お腹がすいたことによる要求鳴きが多い場合、一度カロリー計算をし直してみることをおすすめします（P・71参照）。

「朝に出てくるウェットフードが好きすぎて、それが楽しみで早く起こす猫さん」という事例もありました（笑）。朝ではなく夜に好物を出すことで、起こさなくなったんですよ！

CASE 4

ごはんを食べない、お水を飲まない

（原　因）

- 食べ飽きた
- 食事に興味がない
- 食器が食べづらい
- 落ち着けない環境である
- 消化器疾患がある

（対　策）

- におい↓食感↓味の順に変える
- ビュッフェ形式で食事を出す
- 食器を変える（高さ、大きさ、深さ、角度など）
- 食べる場所を変える
- 体重を確認する（場合によっては病院へ）

食べてくれないと慌ててフードの種類を変更する飼い主さんは多いのですが、実はそれとは違う方法で解決することが多いです。

人間は味を重視しますが、猫さんにとって一番大事なのはにおい（においの変え方は事例に掲載）。また、食器の高さや形状が食べにくいせいで食べていないこともあるので、食器の見直しも大切です。

同時に確認してほしいのが体重の増減です。なかには消化器疾患など、病気のせいで食べなくなっている場合もあります。急に体重が減ったようなら病院へ！

お悩み

もともとは食いしん坊だったのに、最近ごはんが気に入らないようで、以前ほど食べてくれません。病院で診てもらっても体には異常ありません。

この猫さんは、食事自体は好きなはずなのに、少食さんになってしまいました。そんなとき、まず試してほしいのが食器やごはん台の高さを変えることです。

実は猫さんはフードの種類はさることながら、食器の高さ、大きさ、深さ、角度にもこだわりのある子が多いのです。とくに、食器の高さは重要です。猫さん用の食器は足がついているものが多いですが、ほとんどの食器はそれでも高さが足りません。そこで食器の下に台を置いて、猫さんがかがまなくてもいいようにしたら、この相談者の猫さんは食べてくれるようになりました！

食べる場所を変えることで解決したこともあります。食事の場所は決まっているこ

猫さんのなかには、そんなに食べなくても健康という体質の子もいます。極端に痩せているわけでなく健康なら、その子にとっては少量でも適量かもしれません。病院で相談してみましょう！

とが多いと思いますが、食べなくなった猫さんのいるところに食器を持って行ってあげたら、食べ始めてくれたそうです。または食器を置く場所を増やすことで、解決することもあります。

なお、猫さんにもアレルギーがある子がいます。食べなくなって検査したら、食物アレルギーがあると判明したこともありました。食物アレルギーの原因は、小麦粉や牛肉などのたんぱく質が原因です。

食事に対するアレルギーの場合は、それが原材料に含まれていないフードを選ぶことで改善します。

お悩み

食事にこだわりがありすぎるタイプで、今まで食べていたごはんに飽きると意地でも食べなくなります。しかも、同じものを連続して食べたがりません。

食へのこだわりが強すぎる子、繊細な子、食への興味が薄い子におすすめなのが、ごはんの提供方法を「ビュッフェ形式」にすること。数種類のごはんを小皿に入れて出すことで、猫さんが「今日はこれから食べようかな」と思ってくれます。

【ビュッフェ形式で出す種類の例】

①ドライフードのみ
②ドライフード＋ウェットフード混合
③ドライフード＋ささみのふりかけ
④ドライフード＋ペースト状のおやつ
⑤かつおぶしのにおいをつけたドライフード

においの変え方でおすすめなのは、かつおぶしを入れただしパックをフードストックに入れておき、においを移す方法です。または、食器に入れたドライフードの上にだしパックをのせ、ラップをして電子レンジで10秒ほど温めるだけでもOKです。

もうひとつおすすめなのが、ごはんをお家のあちこちに置くことで、お家を歩いている途中にふと「今なら食べてみようかな」と思ってもらう作戦です。ビュッフェ形式と同様、いろいろな種類のものを置きましょう。

置く場所は、いつもの食事場所、リビング、廊下、寝室など、さまざまな場所でOKですが、絶対にトイレのそばには置かないでくださいね（猫さんは嫌がります）。

お悩み

あまりお水を飲んでくれません！　うちは男の子なので、とくに泌尿器系の病気が心配で、お水はしっかり飲んでほしいのに……。

ドライフードを主に食べる場合、水分摂取量が不足しがちです。飲むお水の量が少ないと尿路結石や膀胱炎、腎臓病など泌尿器系の病気にかかることもあります。

猫さんにお水を飲ませるとき、効果的なのは「ウェットフードにする」こと。ほかにも「お水をぬるくする」「水飲み場の設置場所を増やす」「フードやおやつに水を足す」のも有効な方法です。

でも、この相談者さんが成功した方法は、お水の器を変えたことでした。しかも、大型犬用の器くらいある、猫さんとしては巨大サイズに変えてもらったのです！

猫さんはヒゲが器に当たるのを嫌うので、ヒゲが当たりにくい広さの水飲みが理想的です。わが家は直径22cmある、植物の受け皿を水飲み代わりにしています。小さい器だとこぼしてしまうのですが、このサイズならばうまく飲んでくれます。

そこにお水をひたひたに入れます。水量が少ないとのぞき込んだときにヒゲが器に当たってしまうので、いつでも新鮮なお水をたっぷり入れておきましょう。

なお、真水では飲んでくれない場合、お水にドライフードを入れたり、ペースト状のおやつや猫用スープを溶かしたり、ささみのゆで汁を加えたりして薄く味をつけるのもおすすめです！

ダイエットがうまくいかない

（原　因）

● 摂取カロリーが消費カロリーを上回っている

（対　策）

● 正しいダイエットを知る
● フードを変える
● 空腹対策をする（早食い防止食器などを使用）

ダイエットは猫さんの健康維持に大切なものです。太りすぎると活動量が減り、それによって飲水量が減ってしまい、尿石ができやすくなるほか、関節に負担がかかって痛みが出たり、糖尿病のリスクが上がったりします。

そのため、猫さんにダイエットさせたいと思っている飼い主さんは多いのですが、うまくいかずに悩んでいるかたからの相談をよく受けます。

猫さんのダイエットも人間同様、摂取カロリーよりも消費カロリーを多くすることが必要です。でも、人間のようにジムに通ってトレーニングしてもらうわけにはいかないので消費カロリーのコントロールが非常に難しいですし、猫さんのカロリー計算方法を正しく学ぶ機会も少ないでしょう。しかも、食事量を減らしすぎると猫さんはお腹がすいておねだりが増え、ダイエットの挫折につながります。

でも、安心してください！ このあと、基本的なカロリー計算方法のほか、オーバーしているカロリーを減らす方法、おねだり対策も紹介していきます。

猫さんの理想体型は思っている以上にスリムで、大抵の猫さんがぽっちゃり気味です。「うちの子は太っていない」と思っても一度チェックしてみてください。

お悩み

いつの間にか体重が増えて、6kg近くなってしまいました。ダイエットの必要はあるのでしょうか？ その場合、1日にどのくらい食べさせればいいですか？

ダイエットは最初の計画が大事。現状を把握し、ダイエット中の食べる量を決めます。やり方をこれから説明するので、一緒にやっていきましょう！

【体型の現状を把握する】

猫さんの体型を判断するのに便利な「ボディ・コンディション・スコア（BCS）」というものがあります。猫さんにはルーズスキンといって、お腹の下に余分な皮膚があるので体型が判断しにくいのですが、このスコアが判断の助けになります。
全部で9段階あり、5段階が標準、6段階以上が肥満傾向になります。たとえば、BCSが5の猫さんと8の猫さんでは、見た目にこのような違いがあります。

●**標準体型の子**（BCSでは4・5）

全体的に均整が取れており、真上から見るとろっ骨の後ろに腰のくびれがある。お腹をさわると、ろっ骨を感じられる。腹部は薄い脂肪に覆われ、横から見たときルーズスキンがわずかに下がっている。

●**太りすぎの子**（BCSでは8）

真上から見るとフォルムが丸く、くびれがほとんどな

BCSは「ボディ・コンディション・スコア」で検索すると、各スコアの目安がわかる図が出てくるので見てみてください。

い。ろっ骨の上にも余分な脂肪がついているので、お腹をさわってもろっ骨を感じられない。横から見たとき、ルーズスキンが床方向に垂れ下がっている。

BCSでは、6以上でダイエットを気にしたほうがよく、とくに8〜9になると体重過多で実害が出ることが多いです。判断しにくい場合は、獣医師に相談してください。

ダイエットが必要だと判断したら、見直していただきたいのが猫さんに必要なカロリー量です。最初はカロリーを計算し、毎回ごはんの量を量っていたはずが、年月とともに慣れてじわじわ増えてしまったパターンはとても多いです。

【ダイエット中の摂取カロリーを決める】

①猫さんの現在のBCSを把握しましょう（「ボディ・コンディション・スコア」で検索すると、各スコアの基準が出てきます）。

獣医師は診察のとき、
ひそかに猫さんの全身をさわって、
BCSを確認しています！

②下部にある方法で猫さんの理想体重を算出します。

③左ページ下の方法で猫さんにとって本来、必要なカロリーを算出します。

まず、RER（安静時エネルギー要求量）といって、猫さんが安静にしている状態で最低限必要となるエネルギー量を出します。そこに、活動係数という猫さんの年齢や体型ごとの活動量をあらわす数をかけることで、猫さんに必要なおよそのカロリーを算出できます。

④ダイエットをおこなう場合は、現在1日に食べているもの（おやつも含め）の総カロリーを計算し、③を引いた数字が、オーバーしているカロリーになります。

② 〈理想体重の計算方法〉

$$\frac{\text{現在の体重}}{1+(\text{現在のBCS}-5)\times 0.1}=\text{理想体重}$$

例）現在の体重が5.5kgで、BCSが7の場合

$$\frac{5.5}{1+(7-5)\times 0.1}=5.5\div 1.2=\text{理想体重}4.5\sim 4.6\text{kg}$$

【オーバーしているカロリーを減らす】

オーバーしている分を減らす方法としてはまず、おやつを減らすこと。あとは、ダイエット用のフードを使うのも非常に効果的です。または、食事をウェットフード主体にする手も。ウェットフードは8割が水分でできているのでカロリーが低く、必要なカロリーをとるためにはたっぷり食べる必要があるため、満足してくれやすいです。

お悩み

ダイエットを頑張っています！　まずはおやつを減らそうと思ったのですが、大好きなおやつが恋しいのか、おねだりされてしまって困っています……。

人間と同じで、猫さんも空腹が続くとダイエットを頑張ることができません。ですので、空腹対策をすることが重要です。

まず、ダイエット中におねだりされてしまう場合、1回あた

---

③〈必要カロリーの計算方法〉

（理想体重×30＋70）×活動係数
＝必要カロリー／1日あたり

これがRER

活動係数

成猫（避妊・去勢済）	1.2
肥満（要減量） ※BCS6〜9の猫	0.8
シニア（7歳以上）	0.8〜1.1

例）理想体重が4.5kgで、BCSが7の肥満の場合

（4.5×30＋70）×0.8
＝164kcal／1日

参考：環境省「飼い主のためのペットフード・ガイドライン〜犬・猫の健康を守るために〜」

りの食事量と回数を見直すのがおすすめです。食事は日に2~3回だけ、というかたが多いのですが、その回数にこだわる必要はありません。1回あたりの量を減らして、食事回数を4回、5回に分けることで、猫さんの満足度が上がります。

猫さんによっては、1回あたりの量が多いほうが満足してくれるタイプもいるので、その場合は1回あたりの量を増やして、食事回数を減らすという手もあります。

早食い防止食器や知育トイを使ってごはんをあげることで、食事の満足度を高めるのもおすすめです。早食い防止食器は、あえて食べにくくなるように器のなかに突起がついているもの。知育トイは、おもちゃのなかにフードを入れて、工夫しながら取り出すことで食べるものです。いずれも、食べるスピードがゆっくりになるので、少量でも満足感を得やすいです。

ただ、いきなり全部の食事をこの方法に変えてしまうと、猫さんは適応できないことも。まずは大好きなおやつを入れて慣れてもらいましょう。その後、9割は今まで通り、1割は早食い防止食器にして、じわじわ割合を増やしていくのがおすすめです。

食器にペットボトルのふたを入れ、
あえて食べにくくすることで、オリジナルの早食い
防止食器が作れます。ただし、誤食しやすい子は
十分に気をつけてください。

CASE 6 お手入れ（ブラッシングや爪切り）を嫌がる

（原　因）

- 野生の猫さんはしないものだから
- 過度にお手入れをしすぎたため
- お手入れの方法が優しくない

（対　策）

- お手入れの頻度を見直す
- お手入れグッズを見直す
- おやつを活用してトレーニング

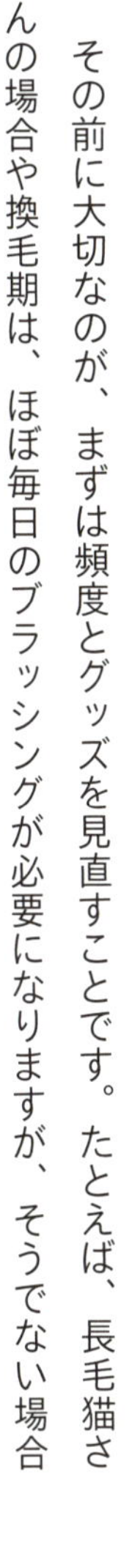

お手入れができなくて悩んでいるかたはとっても多いです。野生でくらしてきた遺伝子を持つ猫さんにとってお手入れは自然なものではないため、嫌がりますよね。でも、動物行動学を用いれば、苦手を克服できます！

その前に大切なのが、まずは頻度とグッズを見直すことです。たとえば、長毛猫さんの場合や換毛期は、ほぼ毎日のブラッシングが必要になりますが、そうでない場合は必ずしも毎日する必要はありません。

また、ブラシの硬さはどうでしょうか？　とくに最初のうちは、柔らかいブラシを使って慣れてもらうほうが猫さんも安心できます（おすすめは「ピロコーム®」です）。爪切りも数年使っていると切れ味が悪くなるので、定期的に見直しましょう。

それから、このあとに説明するトレーニングをおこないます。ポイントは、大好きなおやつを使うこと！　それから、決して焦らないことも肝心です。

工程を細かく刻みながら進めれば、変化量が少なくて済むので、猫さんにも負担がなく慣れてもらうことができます。時間がかかるので遠回りに感じますが、ゆっくり進めることで成功体験を積むことができ、猫さんとの絆も深まって一石二鳥！　季節が変わるくらい時間をかけて、無理せずにゆっくりと進めていきましょう。

お悩み

ブラッシングや爪切りを嫌がります。とくにうちは長毛猫なので、換毛期はお腹に毛玉が溜まってしまうのが心配なのですが、ブラシを見ただけでお怒りに……。

お手入れのトレーニングは最初が肝心。おやつを使って、無理せず練習しましょう。

お手入れが苦手な猫さんに無理やりおこなうのは、人前で話すのが苦手な人に「明日、東京ドームでスピーチして」と言うようなもの（笑）。回数を重ねながら、少しずつ慣らすことが大切です！

【事前準備】

P・31に掲載した、おやつを使って仲よくなる方法に慣らしておくと、トレーニングを進めやすくなります！

【トレーニング開始！ブラッシング大作戦】

●**進め方**

まず、ステップ1から順におこない、猫さんが嫌がるポイントを探ります。たとえば、ステップ2までは嫌がられずにできる場合、ステップ3から始めてOKです。安定してできるようになってから、次のステップに進みましょう。猫さんが嫌がったら無理せず、いったんやめて、ひとつ前のステップに戻るようにしてください。

なお、各ステップでは、できたときだけおやつをあげましょう。嫌がっているのにあげてしまうと、嫌がればもらえると覚えてしまいます。

●**ステップ1**

柔らかいブラシを選びます。そのブラシを猫さんの目につきやすいところに飾ると

お手入れトレーニングは、
食後やお昼寝のあとなど、
猫さんがリラックスしているときにおこないましょう！

ころから始めます。ブラシのそばで、おやつを一口あげます。

●ステップ2

ブラシの存在に慣れてきたら、手で猫さんをさわります。まだブラシは使いません。

手で猫さんの背中をさわる⬇背中をなでる⬇体の側面をさわる⬇体の側面をなでる

※以下、猫さんが嫌がらなかったら「いい子」と褒めながらおやつをあげてください。

●ステップ3

手でなでられることに慣れてきたら、片手にブラシを持ちながら、もう片手でさわっていきます。まだブラシは使いません。

片手にブラシを持ち、もう片方の手で猫さんの背中をさわる⬇背中をなでる⬇体の側面をさわる⬇体の側面をなでる

●ステップ4

食いしん坊の猫さんの場合、
ごはんを食べる場所の近くに飾ると
目につきやすいですよ♡

ブラシを片手になでられることを受け入れるようになったら、ブラシの裏（ブラシの歯がないほう）を猫さんにあてていきます。

ブラシの裏で猫さんの背中にさわる↓
背中に当てたまま、2cmほど動かす↓
ブラシの裏で猫さんの体の側面にさわる↓
体の側面に当てたまま、2cmほど動かす

※ブラシを動かすことに慣れたら、4cm、5cm……と幅を広げる。

●ステップ5

いよいよブラシのくし歯を猫さんに当てていきます。強く当ててしまうと痛くて驚いてしまうので、ソフトにやりましょう。

ブラシで猫さんの背中にさわる↓背中に当てたまま、2cmほど動かす↓
ブラシで猫さんの体の側面にさわる↓
体の側面に当てたまま、2cmほど動かす

※ブラシを動かすことに慣れたら、4cm、5cm……と幅を広げる。

【トレーニング開始！爪切り大作戦】

●進め方

まず、ステップ1から順におこない、猫さんが嫌がるポイントを探ります。たとえば、ステップ2までは嫌がられずにできる場合、ステップ3から始めてOKです。安定してできるようになってから、次のステップに進みましょう。猫さんが嫌がったら無理せず、いったんやめて、ひとつ前のステップに戻るようにしてください。

なお、各ステップでは、できたときだけおやつをあげましょう。嫌がっているのにあげてしまうと、嫌がればもらえると覚えてしまいます。

●ステップ1

ブラシ同様、爪切りの存在に慣れてもらうため、目につきやすいところに飾るところから始めます。爪切りのそばで、おやつを一口あげます。

●ステップ2

爪切りの存在に慣れたら、猫さんを優しくさわります。まだ爪は切りません。

手で猫さんの肩をさわる⬇腕をさわる⬇
⬇足先をさわる⬇足先を握る⬇爪を出す

※以下、猫さんが嫌がらなかったら「いい子」と褒めながらおやつをあげてください。

●ステップ3

手でさわられることに慣れてきたら、片手に爪切りを持ちながら猫さんをさわります。まだ爪切りは使いません。

片手に爪切りを持ち、もう片方の手で猫さんの肩をさわる⬇
⬇猫さんの腕をさわる⬇足先をさわる⬇足先を握る⬇爪を出す

●ステップ4

爪切りを持ったまま、さわられることに慣れたら、爪切りで猫さんにさわっていきます。

爪切りで猫さんの肩をさわる⬇腕をさわる⬇足先をさわる

●ステップ5

爪切りでさわられることに慣れたら、いよいよ切り始めます。

猫さんの手を持ち上げ、爪切りにさわらせる

↓

猫さんの爪を出し、爪を切ってみる

ポイントは、うまくいったら毎回おやつをあげること。うまくいかないときにあげてしまうと「嫌がるともらえる」と覚えてしまいます。うまくいったときだけあげるようにすると、そのうちに「少し我慢したらおやつがもらえる」を覚えてくれますよ。

トイレのトラブルがある

原因

- 泌尿器系や関節炎などの病気のため
- トイレ（形、サイズ、置き場所、猫砂など）を気に入っていない
- ストレスによるもの

対策

- 病院に行く
- トイレ&トイレ環境を変える
- ストレス対策をする

猫さんの健康を維持するために、トイレ選びは超重要です！　猫さんは膀胱炎などの泌尿器系の病気になる子が多いので、予防するには膀胱内におしっこを溜めすぎず、新しいおしっことこまめに入れ替わるのが理想です。そのためには猫さんが我慢せず、快適にたっぷり出せるトイレが大切なのです。

粗相をしたり、おしっこが出なかったりとトラブルが発生した場合、まず病院に行っていただきたいです。泌尿器系の病気のほか、関節痛のせいでトイレに入れない場合もあるからです。とくにシニア猫さんは関節が痛くて、トイレの入り口をまたげずに間に合わないこともあります。ステップをつけるなど、工夫してあげてください。

体に問題がない場合、猫さんから「トイレいやだよサイン」が出ていないかを観察し、トイレや置き場所、猫砂を見直してみましょう（具体的な方法は事例に掲載）。

急な来客、長時間の留守番、慣れないペットホテルなどのストレスにより、特発性の膀胱炎になって、頻尿になったり粗相をしたりすることもあります。

また、仲の悪い同居猫さんがいる場合、見張られていてトイレに行きにくいことから、粗相をしてしまうケースも。さらに、同居猫さんのにおいがついたトイレが嫌で我慢した結果、膀胱炎になることもあります。

お悩み

トイレは使ってくれていますが、頻繁にへりをかいたり、トイレのへりに乗り出したりしています。気に入っていないのでしょうか？

猫さんはトイレが気に入らないとき、次の「トイレいやだよサイン」を出します。

【トイレいやだよサイン】

- トイレに入るのを躊躇(ちゅうちょ)する
- トイレのヘリに足をかけて排泄する
- トイレのあと、砂をかけずに急いで出てくる
- トイレのヘリや壁を手でかきかきする
- 空中を手でかきかきする

これらのサインを出しているときは、猫さんのトイレおよびトイレ環境を見直すのをおすすめします。猫さんにとって「理想のトイレ」の条件はこちらです。

【理想のトイレ&トイレ環境】

- トイレの大きさは体長の1・5倍以上
- 砂かきが十分にできる量の猫砂

猫さんにとってトイレは超大事!
トラブルのときは、トイレいやだよサインと理想のトイレ&トイレ環境は必ずチェックしましょう。

・屋根（フードカバー）のないオープンタイプ（ただし、屋根つきを好む子もいます）
・入りやすい高さの入り口（小さな子猫やシニア猫さんも入りやすい高さのもの）
・室内のアクセスしやすい場所に設置
・トイレの数は飼っている頭数＋1個（複数置けない場合、常に清潔ならOK）
・自然の砂の感触に近い猫砂を入れる（鉱物系の砂がおすすめ）

日本のトイレは小さめが多いのですが、おすすめなのがトロ舟をトイレ代わりにすること！　トロ舟とは、コンクリートを練るときに使うプラスチック容器で、水槽やビオトープ、ガーデニングにも使えるものです。サイズ展開が豊富で、とにかく大きく、値段も2000円弱なので数年置きに買い替えてもお財布に優しいです。

トイレの置き場所も大切です。猫さんは基本的に「食べる」「くつろぐ」「排泄する」を別の場所でしたい生き物。とくに食事場所と寝床はきれいにしておきたいと思うので、排泄は離れたところでしたがります。

ケージ飼いで、食事も寝床もトイレも全部ケージ内に収めている飼い主さんがいますが、それはレストランでトイレのそばの席に案内されたようなイメージ（笑）。すべて離れた場所に置いてあげてください。

今回のお悩みの猫さんは慎重なタイプだったので、トイレの切り替えも時間をかけました。新しいトイレをしばらく部屋の中に置いて、お家のにおいに慣れさせることからスタート。猫さんがトイレの存在に慣れてきたころに、部屋の中で時々トイレを使って遊ばせることで、猫さん自身のにおいをトイレにつけてもらいました。

いざ切り替えるときは、前のトイレに入っていた猫砂（においがたっぷりついているもの）を丸ごと新しいトイレに移動させました。なお、家のスペースに余裕がある場合は、今まで使っていたトイレの横に新しいトイレを置き、切り替える方法もあります。

なお、多くの猫さんが好むのは、できるだけ土や砂の質感に近く、ある程度重さのある猫砂です。好みはありますが、一般的に鉱物タイプの砂が自然の感覚に近く、好きな猫さんが多いです。

また、システムトイレを使っている場合、掃除の頻度が少なくて済む反面、人間に比べて格段に鼻が利く猫さんにはつらいです。システムトイレから普通のトイレに変えてトラブルが解消することも多いので、試してみてください。

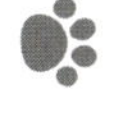

COLUMN

猫さんと出会って

人生変わったエピソード集

その2

愛猫がきっかけで予想外の幸せを手にいれました！

「保護直後のくーの様子です。3歳の今、こんなに大きくなりました！」

ペットロスのとき、出会った保護猫

私が実家を出たあと、両親が子猫を迎えました。両親も私も溺愛していたのですが、かなりの短命でわずか5年で亡くなってしまい、全員がペットロスに……。

そんなとき、職場の後輩が保護したのが、くーです。推定年齢1～2カ月の子猫でした。当時の私はペット不可物件だったので、くーのためならと思い切ってすぐに引っ越しました。お迎えしてみたら、予想以上に大変で（笑）。私は不規則な仕事をしていて、夜型人間なのに、くーはいたずらが激しい子で、目が離せなかったです。

相手を選ぶ基準が変わった

くーを迎える直前まで、私はお付き合いしていた男性がいたのですが、コロナ禍に会えないことで距離ができ、お別れしました。年齢的に結婚を意識していたので、世の中が少し緩和したころ、婚活を開始したのです。

でも、以前は「私のことを幸せにしてくれるかどうか」が基準だったのが、いつの間にか「猫ファーストかどうか」が大切な基準になっていたのです。自分も大切ですが、くーが雑に扱われるなんて絶対に嫌。それで、婚活で出会ったものの、短期間でお別れしたこともあります。

くーママ（千葉県）
愛猫：くー
（男の子・3歳）

※このコラムは、ねこ先生が運営する「アニセフ」内のコミュニティ「猫ツナ会」メンバーのエピソードを掲載しています。

ねこ先生から一言！

動物のお世話に人間性って出ますよね！猫さんも人をよく見ているので「なんか違うぞ」という相手の場合はなつかないもの。ママさんがくーちゃんを通して今の旦那さまを判断したように、くーちゃんも旦那さまを選んだのかもしれません♡

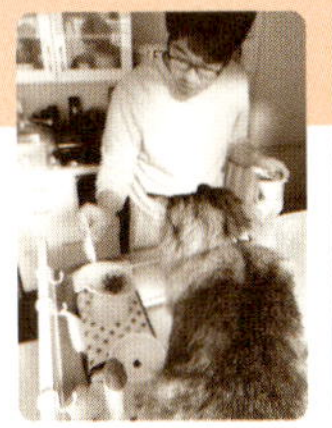

「夫はくーのごはん担当。キャットステップも手作りしました」

ある日、夢のなかにコロナ禍まで付き合っていた元彼が出てきました。しかも、そこには見たこともない黒猫ちゃんの姿も。1年ぶりに連絡をして近況報告をしたら、彼は猫好きだったので遊びに来ることになりました。

そのとき、彼のくーに対する優しい接し方を見たら「あれ？」と思ったんです。くーは多少「しゃー！」ってしていましたけど（笑）。彼は相手に合わせてくれる人で、私にもくーにも合わせてくれている姿を見て、彼の魅力に改めて気づけたんです。

1年半後、家族が増えて……

そのままよりを戻して、1年半後くらいには結婚しました。引っ越すときも、私とくーだけが先に住み始めて、夫は少しずつ滞在時間を増やすように工夫をしてくれたので、くーも無理なく慣れることができました。

あと、夫をごはん担当にしました。彼はルーティンを大切にする性格で、時間通りにきっちりごはんをあげてくれます。くーもルーティン通りに動いてくれる夫に安心したようで、今では夫のあとをついて歩いているほどです。残念ながら私のところには以前ほど来なくなりましたが（笑）、みんなが幸せなら嬉しいです！

夫は最近DIYにもはまっていて、くーのためにキャットステップを手作りして「いつか猫ハウスにしたいね」なんて言っています。家族が増えたことでくーも退屈しなくなり、思いがけずいいことがたくさんありました。

くーのおかげで再びつながったこのご縁を大切に、これからも家族みんなで元気に暮らしていきたいと思います。

「2024年3月に挙式。ご縁を運んでくれたくーはアクスタで出席♡」

CASE 8

病院が大嫌いで大暴れする

〔原　因〕
●猫さんにとって怖いところだから
●「怖い」が積み重なったため

〔対　策〕
●おやつをうまく使う
●サプリメント・お薬を使う

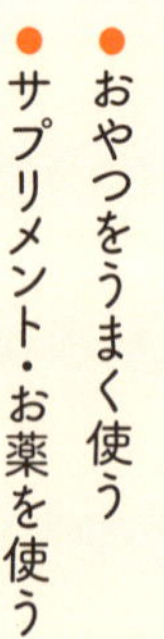

残念ながら、病院は猫さんが元気なときに行って楽しい思いをする場所でないことがほとんどです。そもそも慣れたテリトリー外に連れ出されること自体が苦手ですし、しんどいときに行くことが多く、注射や採血など猫さんにとっては訳のわからない処置をされてしまいます。しかも病院は、ほかの動物のにおいや鳴き声があります。

そんなわけで「病院、大好き！」という猫さんは多くないのが現実ですが、それでも体調不良や病気などを抱えている場合、連れて行かないわけにはいきません。

そこで大切なのが「病院は怖い思いをするだけの場所じゃないよ」と教えてあげる

こと。病院への恐怖心を少しでも軽減させるため、心を落ち着かせるサプリメントやお薬を使うことも有効です（具体的な方法は事例に掲載）。

お悩み

動物病院に行くとき、キャリーバッグになかなか入ってくれません。毎回逃げ回るので、そのたびに家族総出で大捕獲がおこなわれて大変です。

対処法はシンプルで「キャリーバッグを好きになってもらう」こと！　そのために、毎日のおやつをキャリーバッグのなかであげる習慣をつけました。次第に「キャリーのなか、悪くない」と記憶が上書きされ、すんなり入ってくれるようになったのです。

ただし、キャリーバッグに慣れてくれたあと、いきなり病院に連れていかないのが大切です。すぐに記憶が戻って「やっぱりキャリーは嫌い！」となってしまいます。

まず病院以外のところに連れていってみましょう。お外を怖がらない子であれば、キャリーに入れた猫さんを連れて散歩に行くだけでもOKです。出かけた先では、ぜひおやつをあげてください。

病院に行くときは、もともとの恐怖感を下げることが大事です。病院の先生と一緒に検査の方法や頻度を見直してみましょう。

それもクリアできたら、次はキャリーに猫さんを入れて病院に連れていきますが、そのときは診察をしないのがポイントです。ただ病院に行って帰るだけ。事前に病院に連絡しておいて、おやつをもらってもいいですね。「怖いところに行ったけれど、何もなかった」という成功体験を積んでください。

その数日後、また病院に行って今度は診察を受けますが、その日以降も時々キャリーに入れて病院以外のところに行く（または病院でおやつだけもらう）ことを繰り返しましょう。そうすることで、猫さんは「キャリーに入る＝楽しいことがあることも多い」と覚えてくれるので、以前よりもキャリーを嫌がらなくなります。

お悩み

定期的に病院に通わないといけないのですが、病院が大の苦手です。診察時は大暴れして「きゃおーーーーん!!」と雄たけびをあげ、かわいそうで見ていられません。

どうしても病院が怖い！　そんな動物に対して「Pre-Visit Pharmaceuticals」という方法があります。それは、病院に行って暴れ出してから対応するのではなく、怖さを感じる前に心を落ち着かせる薬を飲んで不安感を下げようという方法です。

行動診療科でもよく使われるサプリメント（犬猫用健康補助食品）に「ジルケーン®」がありますｓ。犬や猫が環境の変化にスムーズに対応するためにサポートをするサプリメントで、牛のミルク由来の天然成分が含まれ、脳の興奮を抑制する働きのあるGABAと同じような作用があります。

緊張する場面の前に飲ませておくと、猫さんは興奮がやわらぎ、ホットミルクを飲んだときのようにくつろいだ気分になれます。おとなの猫も子猫も使ってOKです。お薬ではなくサプリメントなので、一般のかたも通販サイトなどで購入が可能です。

【ジルケーン®の飲ませ方】

イベントが起きる30分前までに飲ませるのがポイントです。カプセルはやや大きくて飲み込みにくいので、カプセルから中身を出してパウダーであげるとよいでしょう。いつものフードやおやつ、お水に混ぜてください（水にも溶けやすいです）。

獣医師ならではの使い方があるので、効果的な使い方は動物病院に相談してみるとよいでしょう。

ただ、ジルケーン®はあくまでサプリメントなので、猫さんの不安がそれでは太刀打ちできないほど強い場合は、ガバペンチンやプレガバリンというお薬を使うこともあります。

もともとは神経性疼痛（とうつう）を抑えたり、抗てんかん薬として使われたりするものですが、動物の不安をやわらげる作用もあるため、動物病院ではよく使われます。これは病院で獣医師による処方が必須です。

抗不安作用と聞くと怖く感じる飼い主さんもいらっしゃいますが、投与すると猫さんが不安を感じにくくなって「なんだか大丈夫みたい」と穏やかな気持ちになれるお薬です。

病院でもレントゲンやエコー検査で大騒ぎしていた子が落ち着いて受けられるようになり、検査する側の医師も短時間で済ませられるので、結果的に猫さんの負担を減らせます。さらに、猫さんにとって「病院、なんだか怖くなかった！」という成功体験になるので、病院に対する恐怖心がやわらぐのにもつながります。

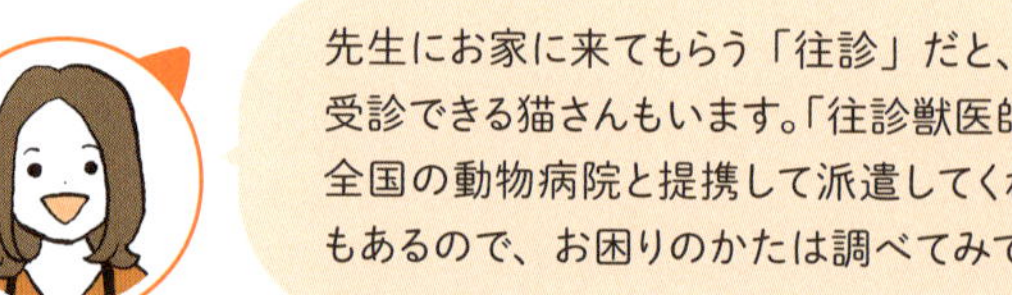

投薬にお悩みのかたへアドバイス

投薬がうまくできないとき、高確率で猫さんに「薬が出てくる！」とバレています（笑）。猫さんは頭がいいので、飼い主さんの行動をよく見ています。ごはんに薬を混ぜる場合は、現場を猫さんに見られないように気をつけることが大切です。音で覚えてしまうこともあるので、なるべく静かに行動しましょう。

病院の先生に相談するのも手です。お薬にはさまざまな種類があります。錠剤タイプが苦手なら、粉薬でうまくいくこともありますし、または病院に通って注射してもらうほうが楽なこともあります。また、病院のスタッフは日々患畜さんに投薬をおこなっているので、さまざまなテクニックを持っています。うまくいかないときは、ぜひ相談してみてくださいね。

なお、「投薬補助おやつ」を使うと、おやつ気分で飲み込んでもらえることがあります。なかでも私がお気に入りなのは、Vet's Labo から出ている「メディボール」！　粘土のような質感のおやつで、お薬をなかに隠してあげられます。とくに、ほたてシチュー味は味がしっかりついていて、粘度もあるので薬を包みやすいです。

ただし、あげ方にはコツがあります。まず、毎回お薬入りのおやつを出すと、猫さんに「このおやつ、なんか変」とバレてしまい、おやつ自体を避けるようになってしまいます。しかもメディボールは1つあたりのサイズが大きいので、そのまま使うと巨大になり、猫さんが噛むうちに薬が出てきてしまうことがあるのです。

そこで私は1つを3つに切り分け、小さなサイズにして使います。そして、3つのうち1つだけをお薬入りにして、残り2つはただのおやつとして出すのです。最初は薬なしボールをおいしく食べてもらい、次に薬入りをあげて猫さんが「あれ？」と思う間も与えず、すかさず3つめの薬なしボールを差し出せば、猫さんの頭には「おやつ、おいしかった！」という記憶だけが残りますよ。

普段と違う出来事が怖い（工事、雷、花火、引っ越し、来客など）

〔原　因〕
- イレギュラーな出来事が苦手
- 大きな音が怖い

〔対　策〕

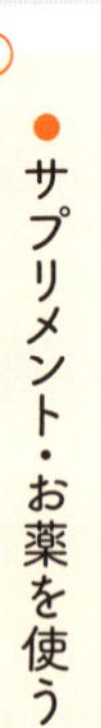

- サプリメント・お薬を使う
- おやつを使う
- 慣れてもらう
- 回避する（隠れる場所を作る、別の場所に避難させるなど）

私のところにはよく、近所の建て替え工事や雷、花火大会、引っ越し、来客に関する相談が寄せられます。

いずれも普段とは違う出来事ですが、猫さんはイレギュラーな出来事が苦手です。さらに工事や雷、花火大会など、大きな物音を怖がる子は多いです。

大切なのは、不安な気持ちを減らしてあげること。そのために、ジルケーン®などのサプリメントやお薬を使うことは効果的です。また、おやつをうまく使うことで、気をそらして落ち着かせる方法もあります（具体的な方法は事例に掲載）。

また、特定の音（花火や雷、インターフォンなど）が苦手な場合、動画などを使って似た音を小さめに鳴らし、数日～数カ月かけて少しずつ大きくして慣れてもらう手もあります。このとき、おやつを使うとより効果的です。

引っ越しや来客のように、事前にその出来事が起こることがわかっている場合、猫さんを物理的に避難させるのも手です（具体的な方法は事例に掲載）。

お悩み

ご近所で建て替え工事が始まりました。半年くらいかかりそうです。もともと怖がりな子なので、毎日おびえて落ち着かず、かわいそうです。

ご近所での建て替え工事や自宅マンションの大規模修繕工事が始まると、慌てますよね。騒音のほか、掘削の振動、ペンキのにおい、高圧洗浄の音などがあり、音やにおいに敏感な猫さんにとっては、まさに死活問題です。

このケースではまず、猫さんが大好きなおやつをすぐにあげるのが効果的です。音が鳴って猫さんがどきっとするたび、小さく切ったおやつをすかさずあげましょう。（【おやつのあげ方】P・31参照）

このときにあげるおやつは、ここぞというときに出すとっておきのおやつであることがポイントです。小さめサイズを数回に分けてあげるようにしましょう。

それに加えて、ジルケーン®という脳の興奮を抑制する作用のあるサプリメントの使用もおすすめしています。1回あたり、3～5時間効果が持続するので、1日の使用量については獣医師に相談しましょう。（【ジルケーン®の飲ませ方】P・93参照）

ジルケーン®でも相当怖がったりパニックになったりする場合は、病院の先生にガバペンチンやプレガバリンなどのお薬を処方してもらう手もあります（P・94参照）。抗不安作用のあるお薬なので、音がうるさい日など、いざというときに飲ませるといいですね。

さらに今回のお悩みでは、次の対策も取り入れました。

・カーテンを閉めて防音する
・あえて生活音（テレビの音や換気扇の音）を大きくして、工事の音を紛らわせる
・猫さんが観ていて楽しいYouTubeをつけるなど、遊びで気を紛らわせる
・クローゼットを開放して、いつでも入れるようにする

これらの対処法もプラスすることで、今回のお悩みの猫さん（とても怖がりな子）はお隣の工事を乗り越えることができました！　工事のときだけでなく、雷や花火大会、来客が苦手な場合も、これらの方法を試してみてください。

お悩み

ついに猫ちゃんを連れて初めて引っ越しをすることになりました。不安でいっぱいなのですが、何に気をつけたらいいですか？

猫さんの目線で考えると、突然お家のなかが段ボールだらけになり、ある日急に知

YouTubeで「猫が喜ぶ映像」で検索すると、ネズミさんや鳥さんなどが画面上を出たり入ったりするなど、猫さんの狩りたい本能をくすぐる動きをする動画がたくさん出てきます♡

らない人たち（引っ越し業者の方々）がやってきて作業、さらに知らない場所に移動して、飼い主さんもバタバタしているなかで新しい環境に慣れないといけない……と、引っ越しには試練となるポイントがたくさんあります。

しかも、新居というのは猫さんが逃げられない場所。まったくなじみのない場所に「ずっとここにいて」と強いられるので、相当しんどいことを飼い主さん側が理解することも大切です。

繊細な子だと引っ越し準備の段階で不安が強くなってしまうので、興奮を抑制する作用のあるジルケーン®というサプリメントをあげて、心を落ち着けてあげましょう。（【ジルケーン®の飲ませ方】P・93参照）

引っ越し当日の搬出・搬入時は、病院の先生に相談して、抗不安作用のあるガバペンチンやプレガバリンというお薬を処方してもらう手もあります（P・94参照）。

当日はペットホテルなど、別のところに預けてもよいでしょう。預けない場合は新居でいきなりフリーにせず、搬入日はひと部屋を猫さん専用にする（業者さんも入らない

ようにする）か、またはバスルームにいてもらうのも手です。バスルームは防音効果があり、業者さんも入らないことが多いのでおすすめです。

移動が済んだら、飼い主さんはなるべく早く荷解きをして、猫さんのトイレや食卓を設置し、落ち着ける環境を作ってあげましょう。繊細な子や落ち着きがない子には、新居についてしばらくはジルケーン®をあげるのもいいですね。

さらに大切なのが、新しいお家についてからしばらくは猫さんをそっとしておいてあげること。飼い主さんが不安がって何度も様子を見に行ってしまうと、猫さんは余計に落ち着かず、そわそわしてしまいます。さらに、このときもおやつはこまめにあげましょう。大好物がちょこちょこ出てくれば、猫さんは「この場所、悪くない」と感じて早く慣れてくれます。

また、「引っ越ししてすぐに100％元気」という子はほとんどいません。ですので、過度な心配は不要ですが、食欲が落ちすぎていないか、おしっこやうんちは出ているかを観察してあげてください。慣れない場所では体調を崩す子も多いので、新居の近辺にある動物病院は事前に調べておきましょう。

CASE 10

多頭飼育でのトラブル

〔原　因〕
- 相性がよくない
- 猫さんは単独行動を好む生き物

〔対　策〕
- 猫さんのQOLを見直す
- しっかり遊んで発散させる
- 食事タイムを使ったトレーニング

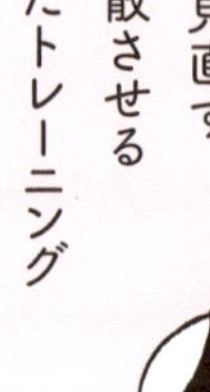

多頭飼育のお悩みで真っ先に挙がるのが「猫さん同士の仲が悪い」です。猫さんはそれぞれ個性があるので、残念ながらどうしても相性が悪い場合があります。

最初に見直してほしいのは生活環境を整えることです。猫さんの「生活の質」であるQOL（クオリティ・オブ・ライフ）を高めると、ケンカが減ることがあります。

【猫さんのQOLを高めるためにできること】

- 安全かつ安心して暮らせる場所を用意する
- 必要なもの（トイレや食事、寝場所など）を複数準備し、場所を離して設置する
- 遊びなどを通して、捕食行動をさせる
- 予想外な人との接触を少なくする
- 猫さんの嗅覚（きゅうかく）を尊重する（強いにおいのない場所であること）

攻撃されている子をかばいたくなるのですが、気をつけて見てあげたいのは攻撃しているほうの子です。遊び不足やストレスなどが原因で攻撃している場合があるので、まずはその子への対処が必要になります。

なお、攻撃を受けているほうの猫さんのQOLが著しく下がってしまっているなら、隔離したほうがいいこともあると私は思います。同居させたいという飼い主さんの気持ちもわかりますが、どちらかがケガをしたり、体調を崩したりする場合は、思い切って別々のお部屋で暮らしてもらったほうがよいでしょう。

猫さんのQOLを高めるためのリストは、コピーしてお部屋に貼っておいてほしいくらい（笑）とても大切です！ 定期的に見直しましょう♡

お悩み

2匹の猫と暮らしています。先住猫が、後からきた猫と相性が悪くて困っています。遊んで発散させたほうがいいと聞いて遊ばせているのですがなかなか治らず、新入り猫をいじめて噛みつくことも……。

対処方法としては、たっぷり遊ぶこと！　攻撃する原因のひとつに、あり余る体力があります。体力が余っている猫さんは「暇だな〜、何かすることないかな」と探していて、そこへ通りかかった力の弱い同居猫にケンカを仕掛けてしまいます。

このように、感情のはけ口として襲っている場合は、しっかり遊んで体力を発散させることで緩和することがあります。ジャンプしたり、走ったりと体を使えるおもちゃで遊んであげましょう（遊び方はP・34参照）。

たくさん遊ばせても解消しない場合は、食事タイムを使ってトレーニングしていきます。今回のお悩みのケースでは、新入りさんをいったん別の部屋に隔離しました。そして食事のときだけ、先住猫の食事スペースを徐々に新入り猫の隔離部屋に近づけ

ていき、最終的に先住猫が隔離部屋の前で食事できるようにしたのです。

これは本当に繊細な作業で、一気に距離を縮めてしまうと逆効果です。先住猫の食事スペースはほんの少し、1日30cm程度ずつ、隔離部屋に近づけていきます。

最初は隔離部屋のドアを閉めたまま、お互いに気配だけを感じられるようにします。先住猫が隔離部屋の前にいても落ち着いて食事できるようになったらドアを開け、お互いの姿が見えるようにしますが、網などを張って侵入できないようにしてください。そのうちに先住猫さんは「おいしいものが食べられるとき、あの子（新入りさん）の姿が見える」と覚えて、存在に慣れてくれることがあります。

ただし、部屋数が少ないお家も多いですし、そこまで時間をかけられない飼い主さんもいらっしゃると思います。無理やり共存させるより、部屋をわけて過ごさせたほうが平和なこともありますし、これぱかりはケース・バイ・ケースです。

同居猫の相性が悪くて悩んでいるかたはひとりで抱え込まず、獣医師などの専門家に相談することをおすすめします。

その3

気づいたら3匹の保護猫を迎え、お家も猫仕様に

「窓の外をゆっくり眺められるように、広めのステップをつけました」

ジル・ネネ・エマママ
（岩手県）
愛猫：
ジル（男の子・推定4歳）
ネネ（女の子・推定1歳）
エマ（女の子・推定3歳）

犬派だった私が猫さんにひとめ惚れ！

夫と両親と一緒に暮らしています。数年前まで妹も同居していたのですが、結婚を機に家を出ていくことになり、その寂しさから最初は「犬を飼おう」と話していました（昔飼っていたのです）。でも、両親は高齢なので、散歩などの手間のかからないイメージのあった猫を迎えてはどうかと、近くの保護猫団体さんを調べ始めました。そこで、ひとめ惚れしたのが1匹目に迎えたジルです！

ジルは多頭飼育のお家からレスキューされた子でした。子猫でしたがなかなか引き取り手が現れず、私と夫が会いに行ったときはもう1歳3カ月になっていました。

厳しい審査を経てお迎えしたら、私も夫も両親も「思っていた猫のイメージと違ってかわいすぎる！」と夢中に。猫は表情がないと思っていたのですが、そんなことないですよね！　表情豊かなジルがかわいくて、最初は猫を飼うことに消極的だった父も夫も猫沼にどっぷり。「朝起こしに来てくれたんだ」「投げたボールを持ってきてくれたよ」など、ジルを共通の話題にして、家族での会話（自慢？）が増えました。

猫さんが暮らしやすいよう、猫仕様ハウスを建築

※このコラムは、ねこ先生が運営する「アニセフ」内のコミュニティ「猫ツナ会」メンバーのエピソードを掲載しています。

「窓の大きさにもこだわりました。吸盤タイプのハンモックをつけています」

ジルが来てから約2年後、敷地内に新しく家を建てて住み始めました。夫が大工さんなので、ジルが楽しく暮らせるようなこだわりを詰め込んだ〝猫仕様ハウス〟に！

思いっきり遊べるように、サンルームを猫部屋にして、キャットステップをつけました。また、にゃるそっくもしやすいよう、窓枠の下部にステップをつけて座りやすくしています。それから、部屋間を行き来できるように、猫専用出入り口も設置。壁をぶち抜いて作っているので、かなり自由に出入りができます。

新しい家にジルが慣れて少ししたころ、遊び相手に妹を迎えたいと思い、また保護猫団体で探して見つけたのが2匹目のネネです。トライアルで家にきたとき、まだ子猫でした。

ネネはジルとはまったく違う個性で、本当にやんちゃ。気が強くて構ってちゃんなのに、変なところで警戒心が強くてビビりです。ジルが大らかな子なので、ネネのことも「はいはい」って受け入れてくれて、ホッとしました。

敷地内で子猫を産んだ母猫が気になって

本当は、それ以上増やす予定ではなかったんです。でもある日、敷地内にある物置小屋に猫さんが住み着いて、子猫を産んでしまって……。保護猫団体さんに連絡したら「今は手一杯だけれど、少ししたら行きます」とのことで、1カ月ほどごはんをあげてつないでいました。

ようやく保護猫団体さんが来てくれて、母猫・子猫ともに捕獲。母猫さんは避妊手術をして戻し、地域猫として育てることになりました。でも、結局小屋に住み着いてしまったのと、ごはんをあげ続けるうちに完全になついてくれて。抱っこできるほど甘えてくれる姿を見て「冬が来る前に家

「ジルとネネの後ろ姿です。ジルは穏やかな子でなんでも受け入れてくれます」

「各部屋には猫たち専用の出入り口があります」

に迎えてあげたい」と考えるようになりました。
そうして迎えたのが、3匹目のエマです。推定年齢が1～5歳と幅広かったので、間を取って3歳くらいと考えています。最初はなでるたびに毛がごっそり抜けていたし、かなり痩せていたのが、家に入れて少ししたら毛並みがよくなり、顔つきも穏やかになりました。
エマはなでられるのが好きなおっとりした性格で、怒ることがない子です。遊ぶのも大好きで、よく夫と遊んでいます。ジルとの相性は問題ないのですが、ネネはエマを攻撃してしまうのでまだ隔離生活ですね。ただ、最近は大好物のおやつを一緒になめることもあり、少しずつ距離が縮まるといいなと願っています。

全国各地に猫さん仲間が増えた！

まさか3匹の猫さんと暮らすなんて、数年前までは思ってもみませんでした。私たち夫婦は子どもがいないので、本当のわが子のようです。ねこ先生とも出会い、先生が運営するコミュニティ「猫ツナ会」にも参加して、全国にいる猫の飼い主さんたちとつながれたのも大きな変化でした！
あと、昔はけっこう節約生活を頑張っていましたが、猫たちと暮らし始めてからは解禁！　自分たち以上に、惜しみなく使うようになりましたね。電気代とか、もう見ないです（笑）。猫仕様ハウスも、さらなる改良を重ねていきたいと思っています。

「サンルームにはキャットステップをつけ、駆け上がれるように」

ねこ先生から一言！

よくぞ、保護猫さんを3匹も迎えてくださいました！　最初のジルくんが優しい性格で、どんな子も受け入れてくれるから、新しい子を迎えやすかったのかなと思います。ご家族で会話が増えたのも、嬉しい変化ですよね。あと、旦那さまが設計された猫ハウスが本当に素敵です♡　ぜひ改良を重ねて、猫御殿を作ってください！

第3章

知っておきたい、猫との暮らし

病気や病院、災害時、ペットロスまで

かかりつけ病院の見つけ方

私のところにはよく「どんな病院をかかりつけにしたらいいですか?」など、病院選びに関するお悩みが寄せられます。

一概には言えませんが、コミュニケーションの取りやすさは重視したいポイントです。というのも、よく飼い主さんたちから「聞きたいことを先生に聞ききれなかった」「もう少し検査してほしいのにしてもらえなかった」「治りきっていない気がするのに『大丈夫』と言われてしまった」など、獣医師とのコミュニケーションにおけるモヤモヤを聞くことが多いからです。

「こんなこと聞いてもいいのかな」とためらわずにすむ、飼い主さんが話しやすい病院をおすすめします。獣医師に聞きにくかったり、質問しそびれたりした場合、獣医師以外の病院スタッフに質問するのも手です。

それに加えて、納得のいく検査をしてくれること、聞いたことにきちんと答えてくれること、機器が新しいこと、院内が清潔であることを重視しています。

まず、覚えておきたいのは病院のスタイルです。人間の病院同様、動物病院にもいくつかの種類があります（人間の場合は3次まであります）。

●1次診療施設

いわゆる町医者のこと。体調が悪いときの初期治療のほか、健康診断やワクチン接種などの予防医療、避妊・去勢手術や腫瘍切除などの基本的な手術をおこなう。病気のときやダイエット時の食事のアドバイスなどをおこなうことも。

●1.5次診療施設

1次と2次の間に位置する病院で、1次診療でおこなう基本的な医療（初期治療や予防医療など）はもちろん、2次診療でおこなうような高度な検査や治療にも対応できる。専門的な知識を持つ獣医師たちを抱えていることも。

●2次診療施設

獣医学部のある大学付属病院や高度医療センターなど、専門性の高い医療施設のこと。CTやMRIなどの高度な検査機器がそろい、専門的な検査や治療、難しい手術に対応できる。基本的には、紹介状をもらって受診する。

1次診療の病院のなかでも、専門性を掲げている場合があります。その代表的なものが「認定医」の存在です。認定医とは、各学会による認定医の資格を得た、特定の分野に秀でた獣医師のこと。現在、内科認定医、外科認定医、腫瘍（しゅよう）科認定医、循環器認定医、皮膚科学会認定医などが存在しています。

もし、お家の猫さんが専門的な知識を必要とする病気にかかった場合、認定医の先生がいる病院を探すのもひとつの手です。認定医の資格をお持ちの先生はプロフィールに載せていらっしゃいますし、各学会のホームページで認定医のいる病院リストが掲載されていることもあります。

もうひとつ、病院のことでよく相談されるのが「転院」と「セカンドオピニオン」についてです。私は、何度行っても先生の診断に納得できず、違和感があるならば、転院するのはアリだと思います。

最初に書いたように、とくに先生やスタッフとのコミュニケーションの面でモヤモヤを抱える飼い主さんはとても多いです。でも、人間の場合と同様に、納得がいかずにモヤモヤしているくらいなら病院を変えてもいいと思うのです。

転院先の病院を見つけるには、
まず爪切りなどのお手入れに行ってみて、先生やスタッフ、院内の雰囲気を見るとよいでしょう。

また、セカンドオピニオンに関しては「言い出しにくい」「手続きが大変」という理由でためらうかたが多いようです。

でも、それが高いハードルになって転院が遅れ、後悔することになるならば、まずはいったん別の病院に行ってみてもいいと思います。多くの場合、前の病院の情報が手元になくてもその段階で検査をすれば診断はできますし、もし「過去の治療記録が必要」と言われたら、そのときに前の病院にお願いするという順序でもよいでしょう。

これまでの検査結果やお薬の記録を
保管しておくと、転院の際にこれまでの変化を
先生に伝えやすいので便利です！

うちの子、病気になってない？毎日やりたい全身チェック

猫さんの健康のために、以下のパーツは毎日観察＆確認をしましょう！

7歳以上のシニアはとくに、P・117から紹介する病気にかかるリスクが高まります。飼い主さんが病気の兆候に素早く気づくためにも、日常的にこれらのチェックをおこなうようにしましょう。

しぐさの変化チェック
食事中、お遊び中、毛づくろい中など、普段の動きに変化がないかを確認！

関節の動きチェック
遊んでいるときや毛づくろいをしているとき、動きにくそうにしていないかを確認！

毛ヅヤのチェック
毛のハリとツヤに変化がないかを確認！

お口のにおいチェック
口臭が今までより強くなっていないかを確認！

おばらチェック
お腹をさわったとき、痩せたり太ったりしていないかを確認！

爪の伸び具合チェック
爪の古くなった部分がはがれ落ちず、分厚く伸びていないかを確認！

病院に行くべき線引きポイント

「猫さんの行動が普段とは少し様子が違うように感じるけれど、どのタイミングで病院に行けばよいのか」と悩まれる飼い主さんは非常に多いです。なかでも次の変化が見られたときはすぐに病院に行ったほうがよいでしょう。

【こんな変化が出たら即病院！】

- □ 水を1日に、体重1kgあたり100cc以上飲んでいる
- □ おしっこが丸1日出ない、またはトイレに何回も入るが排尿しない
- □ いろいろなところにおしっこをする
- □ 1日5回以上吐く、または嘔吐(おうと)が数日続いている
- □ 下痢が数日続いている
- □ 便秘が3日以上続いている
- □ かゆがって、頻繁にかきむしる

□いつもの半分以下しか食べない（またはまったく食べない）
□体重が平常時の5％以上減った
□呼吸が速い、または開口呼吸する
□ふらついている
□（普段はないのに）大声でずっと叫んでいる
□眠らずにずっとうろうろしている　…etc.

これらの症状が出たら、すぐにでも病院に行ってください。よく「今日はかかりつけの病院が休みなので、明日まで待ってもいいですか？」と聞かれるのですが、これらの症状が出ているときは、別の病院でもよいのですぐに行きましょう。

自分で判断することが難しいときは、病院に電話してみてください。夜間などで病院に電話が通じない場合は、獣医師に24時間、電話で相談できる「アニクリ24」というサービスがありますので、活用する手もあります。

アニクリ24
https://www.anicli24.com/

猫さんが気をつけたい病気

ここからは猫さんがなりやすい病気を紹介していきます。とくに7歳以上のシニア猫さんになると、さまざまな不調が出てくるのでこまめな健康診断が必要です。7歳以降はできれば年2回の健康診断を受けることをおすすめします。

猫さんがなりやすい腎臓病

猫さんは年齢とともに腎臓の機能が低下する子が多く、本来は排出されるべき毒素が体内に溜まり、さまざまな不調を引き起こします。「急性」と「慢性」があり、慢性の場合は初期は症状がわかりにくいため、発見が遅れるケースが多いです。

【この症状が出たら要注意！】

- □ 多飲多尿（飲み水が増え、おしっこの量も増える）

□体重が短期間で通常時の5％以上減少する
□便秘が3日以上続いている
□1日5回以上吐く、または嘔吐が数日続いている
□いつもの半分以下しか食べない（またはまったく食べない）

慢性腎臓病の場合、体重はじわじわ減っていくことが多いので、なるべくこまめに測っておきたいところです。体重測定が難しい場合は、飼い主さんが抱っこして体重計に乗り、その数値から飼い主さんの体重をマイナスするのがおすすめです。

腎臓が悪くなるとおしっこの量も増え、一方で便秘にもなります。本来は腸内でうんちをふやかすのにも使われる水分がおしっこからどんどん出てしまうので、うんちが硬くなって便秘になってしまうのです。毎日のおしっこの量と回数、うんちの頻度も要確認です。

腎臓病の予防には、毎日しっかりとお水を飲むことが重要と言われて

います。お家の猫さんの飲水量が足りているか、定期的にチェックしておきましょう。「ピュリナ」のブランドサイト内にある「にゃんウォーター」は、猫さんに必要な水分摂取量を自動で計算できます。ぜひ使ってみてください。

なお、健康診断のときの血液検査に「SDMA（対称性ジメチルアルギニン）」という検査項目を追加すると、腎臓病の早期発見につながります。少し前までは血液検査ではBUN（尿素窒素）やクレアチニンなどの値を用いて腎機能を評価していましたが、SDMAは早期に腎機能の低下を検出できる指標として利用されています。SDMAは比較的新しい検査項目なのですが、病院に相談すると血液検査に追加できます。

シニア猫さんに多い痛みが出る関節炎

ひじや腰、ひざなどの関節に痛みを抱える猫さんは多く、1歳以上の子の74％、12歳以上の子の90％が変形性関節症を患っていると言われています。スコティッシュフォールドやマンチカンは若いうちから発症することもあるので、注意が必要です。

にゃんウォーター
https://nestle.jp/brand/purina/care/water/

猫さんは痛みを隠してしまうので、次のような症状に注意しましょう。

【この症状が出たら要注意！】

- □爪が分厚く伸びる
- □毛づくろいが減る
- □ジャンプをためらう
- □キャットタワーなど高いところに上らない
- □段差のあるところをまたげない（またぎにくそうにする）
- □以前より遊ばなくなった
- □遊んでいる途中に何度も休憩する

関節炎になると活動量が落ちるので、遊ぶ頻度が減ったり、時間が短くなったりします。また、痛みによって爪がとぎにくくなるので、爪が分厚くなって伸びるのも特徴です。さらに関節を自在に動かしにくいため、毛づくろいがしにくくなり、毛並みがパサついてきます。

以前よりも段差を避けたり、ジャンプをしなくなったりしたときも関節炎の疑いがあります。高いところにも上らなくなり、機敏に動きにくくなります。

関節炎の痛み止めはこれまで腎臓に負担がかかるものなどがありましたが、新しく「ソレンシア」というお薬が出ました。月に1回程度、病院で注射して投与するお薬で痛みをやわらげることができます。

関節ケアに特化したフードをあげることも効果的です。さらにグルコサミン、コンドロイチン、EPA（エイコサペンタエン酸）、DHA（ドコサヘキサエン酸）の猫用サプリメントをシニアになったらあげるのもおすすめです（スコティッシュフォールドの場合はもっと若いうちから）。「アンチノール」というサプリメントは、関節炎の緩和に必要な栄養素が含まれています！

元気の裏に潜む甲状腺機能亢進症と糖尿病

甲状腺から出る甲状腺ホルモンが過剰に分泌されることで、代謝が上がり過活動になる甲状腺機能亢進症。すい臓から出る、血糖値を下げるインスリンというホルモンが十分に作用しなくなることで起こる糖尿病。いずれもホルモンによるトラブルから起こる病気です。

【この症状が出たら甲状腺機能亢進症に要注意！】

- □普段よりも活発になる
- □落ち着きがなくなる
- □過剰に鳴く
- □攻撃的になる
- □多飲多尿（飲み水が増え、おしっこの量も増える）
- □食べる量が増えたのに痩せていく

【この症状が出たら糖尿病に要注意！】

- □多飲多尿（飲み水が増え、おしっこの量も増える）
- □食欲が増す

糖尿病に関しては、一般的には猫と犬とで発症するメカニズムが異なります。

□食べる量が増えたのに痩せていく
□毛ヅヤが悪くなる
□いつもと違う歩き方をする（かかとをつけて歩く）

甲状腺機能亢進症の症状に「やけに活発になる」ことがあり、そのせいで初期の段階で見落とすことがあります。シニア猫なのに異常なほど元気なときは、この病気の可能性があるでしょう。また、食欲が増してたくさん食べるのに、なぜか体重は減っていくのも特徴です。ただし、病気が進行するにつれ、体力も食欲も低下します。

糖尿病は肥満の猫がなりやすい病気です。さまざまな病気と併発して見つかることも多いです。初期症状として多飲多尿、食欲の増進があります。普段よりもやけにお水を飲みたがるようになったら注意してください。

いずれの病気も血液検査で見つけることができます。なお、糖尿病は尿検査でもわかります。

甲状腺機能亢進症は主にお薬で治療します。糖尿病はインスリン注射で血糖値をコントロールし、同時に食事療法もおこないます。定期的な通院が必要になり、状態によっては入院することもあります。

歯磨きが苦手な子は要注意な歯科疾患

歯垢（プラーク）が歯にこびりついて歯石となり、それが細菌の繁殖を助長し、歯肉や周辺組織に炎症を引き起こす歯周病は、猫さんに多い病気です。とくにシニア猫になると、歯石の蓄積によって、歯周病になりやすいです。歯周病によって口内炎が引き起こされることもあります。

歯周病を放っておくと、付着している細菌が血管を通って全身に運ばれ、心臓や腎臓などに異常をきたす場合も。「たかが歯」とあなどらないことが大切です！

【この症状が出たら要注意！】

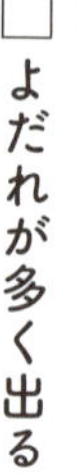

□口臭が増えた
□よだれが多く出る

□口の周りが汚れる
□口元を気にするそぶりをする
□前足がベタついてよごれている
□食事が食べにくくなる、またはこぼしやすくなる
□硬いものを食べなくなる

猫さんは普段からそれなりに口臭はあるものですが、それまでとは違った強いにおいを感じたら、口腔(こうくう)内にトラブルが出ているかもしれません。ぜひ日ごろから、お口のにおいをチェックする習慣をつけておいてください。猫さんがあくびしたときにさっと嗅(か)ぐのがおすすめです。

よだれが出てくると、病気が進行している可能性があります。よだれが増えてくると、よだれをぬぐうために前足がベタベタとよごれやすくなるのも特徴です。

口の中が痛くなることも多く、前よりもフードが食べにくくなります。カリカリを避けるようになったり、口に入れてもこぼすようになったりしたら気をつけましょう。

歯周病になった場合は、こびりついた歯石を除去する「スケーリング」という治療を全身麻酔下でおこなうのが基本です。また、抗生剤やステロイド、痛み止めなどを投与することで、腫れや炎症を抑えたり、痛みをやわらげたりすることもあります。症状がかなり悪化している場合は、悪くなった歯を抜く場合もあります。

高齢になったら注意すべき猫の腫瘍

腫瘍とは、体内の細胞が病的に増殖してしまったものです。良性と悪性があり、病気で亡くなる猫さんの第1位が腫瘍（がん）です。人間と同じく、悪性の場合は転移や再発の可能性があります。

猫さんの悪性腫瘍でもっとも多いのは乳がん、次いでリンパ腫、肥満細胞腫、扁平上皮がん、線維肉腫などです。乳がんの99％はメス猫さんですが、稀にオス猫さんで発症することも。早めの不妊手術が予防につながります。

【この症状が出たら要注意！】

□体にしこりがある
□元気がない
□食欲がない／痩せていく
□慢性的な下痢や嘔吐がある
□咳（せき）が出る
□血尿や血便が出る

腫瘍は体内も含めて全身にできますが、体の表面にしこりとして現れるものはお家でも見つけることができます。腫瘍のリスクが高まるのは高齢になってからで、若いときに見つかることは稀ですが、年齢問わず体の表面にあるしこりの確認は習慣づけておくことをおすすめします。猫さんとのスキンシップの時間を取り、体をなでなでしながら確認してみてください。

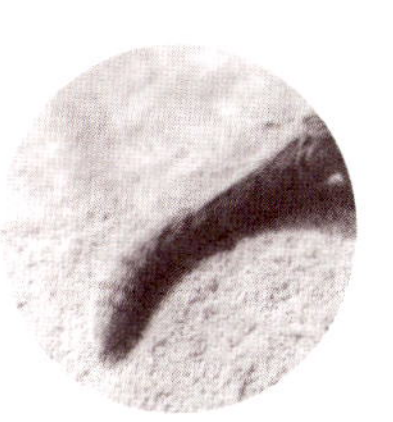

早期発見には病院での健康診断が大切です。血液検査ではわからないことも多いので、超音波検査（エコー）やX線検査（レントゲン）などの画像検査を実施します。シニ

「しこりと乳首の違いがわからない」という声をよく聞きますが、乳首は皮膚の上、しこり（乳腺腫）は皮膚の下にあります。また、乳首は対になっているので、反対側にもついていればそれは乳首です！

アの年齢に近づいてきたら、健康診断の際に画像検査も追加しましょう。もちろん、若いうちから検査しておくのもおすすめです。

腫瘍の治療には、手術や化学療法、放射線治療などがあります。転移が進んでいるなど、進行している場合は、飼い主さんと相談して緩和ケアをおこなう場合もあります。

なお、猫さんの乳がん（乳腺腫瘍）について、日本小動物がんセンター・センター長の小林哲也（こばやしてつや）先生が「キャットリボン運動」を通して、正しい知識を発信されています。

年齢を重ねたら気をつけたい認知症

人間と同じように、猫さんも7歳以降のシニアになると認知機能が低下し、今までにない行動をすることがあります。それが次のような病的な行動になると、認知症（認知機能不全症候群）と判断されます。

キャットリボン運動公式ホームページ
https://catribbon.jp/

【この症状が出たら要注意！】

- □夜鳴きする
- □粗相をする
- □呼びかけても反応が薄い
- □攻撃性が強くなる
- □落ち着かず、同じところをぐるぐると徘徊（はいかい）する
- □立ち往生する
- □狭いところに入りこんで出られなくなる
- □不安が強くなる（飼い主さんが離れると不安がるなど）
- □怖がりになる（音や場所におびえるなど）
- □飼い主さんなど、よく知っている人を認識できなくなる
- □ごはんを食べない、または極端に食欲が増す
- □昼によく寝て、夜は寝ようとしない

もっと詳しく判断したい場合は、「ＤＩＳＨＡＡ」という基準があります。ワンちゃん用ですが、猫さんにも応用できるので「ＤＩＳＨＡＡ　評価ツール」で検索してみてください。

不安傾向が強くなることも多く、今まで平気だったことが心配になってしまう猫さんは多いです。急にお留守番が苦手になったり、飼い主さんや慣れた場所を怖がったり、音におびえたりすることがあります。

昼夜逆転の生活になる子もいます。時間の感覚がなくなってしまい、昼に延々と寝ていて夜はまったく寝ず、夜鳴きをするケースも見受けられます。食事をしたことを忘れて何度も鳴いたり、慣れた家で迷って徘徊行動をしたりする子もいます。

対処法としては、環境面をケアすることでストレスを軽減させ、サプリメントや食事療法で脳の機能を高めることで、症状を緩和し、進行を抑えます。場合によっては薬物療法をおこなうこともあります。

認知症の予防と緩和には、抗酸化作用のある栄養素を取ることが有効です。効果が

期待されているのは、DHA（ドコサヘキサエン酸）やEPA（エイコサペンタエン酸）などの不飽和脂肪酸、ビタミンC・Eやポリフェノールなどで、これら抗酸化物質を含むサプリメントを摂取するのも手です。脳の健康維持に役立つ「AKTIVAIT CAT®」というサプリメントはそれらの栄養素が含まれており、認知症の猫さんにおすすめすることが多いです（動物病院でのみ販売）。

遊びが認知症の症状緩和や予防につながることも！　とくに知育トイは〝脳トレ〟にもなるのでぜひ取り入れてみてください。知育トイで遊ばない場合は、飼い主さんの手にタッチする練習などのトレーニングをするだけでも、脳トレにつながりますよ。

備えておきたい、災害時の準備とケア

地震や台風、大雨、土砂災害、火事など、いざというときに飼い主さんご家族と猫さんの安全を確保するために、日ごろから備えておきたいことがあります。

それは「イメトレ（イメージトレーニング）」です。大きな揺れや物音がしたとき、お

家の猫さんはどんな行動をするでしょうか？　隠れるとしたら、家の中のどこに逃げ込むでしょうか？　そして、隠れた子をどんなふうにつかまえるのか、その子を入れるキャリーバッグはどこに置いておけば取り出しやすいのか、どこに逃げるのか……など、「もしも」のことを想像してみてください。

ご家族のいるお家では、日ごろから「いざというとき、誰がどう動くか」を話し合っておくのもいいですね。猫さんが隠れないように各扉を閉める担当、つかまえる担当、キャリーバッグ等の荷物を用意する担当など、担当制にしておくとよいでしょう。

いざ捕まえるときは、分厚いタオルや毛布でくるんだり、洗濯ネットに入れたりする方法があります。どうしても無理なときは、お母さん猫が子猫を捕まえるときのように首根っこ（首の下、肩甲骨の上）をつかむと、猫さんはおとなしくなります。

これは普段、おとなの猫さんにやらない方法ですが、緊急時はとにかく命をなくさないことが最優先！　猫さんを救うために気合いで捕まえましょう。

普段から、P・57にある「おやつで気持ちをリセットする」方法を試しておくこと

お部屋がいくつもあるお家の場合、
猫さんが別の部屋に駆け込んでしまわないよう、
まずは部屋の扉をさっと閉めることが大切です。

もおすすめです。この練習ができていると、避難時もおやつで気持ちを切り替えられ、パニックになりにくいでしょう。さらに、ジルケーン®やガバペンチン（P・93参照）を与えて落ち着かせるのも手です。

避難方法も事前に考えておきましょう。避難場所に同行避難するのか、それとも在宅で避難するのか。さらに、飼い主さんだけが落ち着くまで避難して、猫さんは安全な場所（実家や友人・知人宅）に保護を依頼するというケースもあります。飼い主さんと猫さん、両方にとってストレスが少なく、安全な道を想定してみてください。

考えておきたいペットロス

考えたくないことですが、猫さんの寿命は人間よりも短く、多くの飼い主さんが猫さんの最期を看取ることになります。目の前で大切な子の生命活動が終わっていくときに感じる衝撃は、獣医師であっても忘れられません。愛猫の死を乗り越えることは難しく、ペットロスに陥るかたもたくさん見てきました。

環境省から出ている、人とペットの災害対策ガイドラインを示した「災害、あなたとペットは大丈夫?」という冊子（PDF）は、さまざまな対策が詳しく書かれているのでダウンロードをおすすめします！

それほどの悲しみを抱えてしまうのは、猫さんがそれだけたくさんのことを残してくれたからだと思います。悲しさは、その子が自分の人生のなかで大きすぎる存在だったという証です。だから、悲しむことをやめることはできないし、そうそう癒えません。その想いは無理やり片づける必要もないでしょう。

その悲しみも全部含めて、その子が私たちに教えてくれたことなのです。楽しさも、愛しさも、喜びも、そして悲しみも全部セットで、その子がくれた素晴らしいもの。だから、お別れはつらいけれど、その悲しみを経験せずに、その子が残してくれたものを得ることはできないのだと思います。

猫さんを見送るとき、私はいつも「あなたが生きた物語をそばで見させてくれてありがとう」と思っています。そして、その子の地球上での物語はここで終わるけれど、存在する場所が変わるだけなのだと。

というのも、亡くなったあとしばらくすると飼い主さんの心のなかに猫さん自身が居場所を見つけ、定着してくれるように私は感じるのです。悲しみに暮れながら、たくさんの思い出を振り返るうちに、ふと「あの子はここにいるな」と感じる瞬間があ

つらいときは、同じ経験をした人と話をすることも効果的です。猫さんのかわいくて、優しくて、素敵だった姿を存分に語り合ってください。

る。だから、それまでは無理せず、悲しみと一緒に過ごすのでいいと思います。

悲しみが待っていたとしても、動物と暮らすのは素晴らしいことです。どうしても、最期のつらい時期ばかり思い出してしまいますが、健康で幸せだった時期のほうがずっと長いはず。どうか、楽しくて笑って過ごした時期の猫さんの姿も思い出してあげてください。

本書でもいくつかの例を紹介しましたが、猫さんに出会って「人生変わった！」と感じる飼い主さんがたくさんいます。それほどの変化をもたらしてくれた存在は、永遠に心のなかで生き続けてくれるはず。

あなたとあなたの猫さんが、地球上でも、心のなかでも、これからもずっと仲よしでいられますように。

COLUMN

あなた、本当に猫さんですか!?

猫さんらしからぬ行動をする

「らしくない猫」一挙紹介!

私のところにはよく「うちの子、猫なのにこんなことをするんですが変ですか?」という相談が寄せられます。なかには「ほんとに猫さんですか!?」と驚くようなケースも（笑）。猫さんの個性の幅広さを実感できる、さまざまな「らしくない猫」をご紹介します♡

こだわりが強すぎる猫

とくに室内で暮らす猫さんたちの生活を見てみると、こだわりの強い子がたくさんいます。食器の高さや角度、トイレのサイズや猫砂の形状、フードの味や形状、おもちゃの種類、寝床の種類、爪とぎの素材……など、その子ごとに好みが違います。

平面を走り回りたい猫

高いところが好きな猫さんは多いです。でも、なぜか高いところに上りたがらず、遊ぶときも平面をぐるぐる駆け回っている子も（笑）。わが家のもんちゃんもこのタイプで、床を走るのが大好きです。

食に興味がなさすぎる猫

食いしん坊で体重増加にお悩みの猫さんも多いです。でも一方で、食にほとんど興味がない子も存在します。検査をしても異常はなく、体も痩せすぎることなく、いたって健康……でも食べない！「そういう個性」と割り切ってもよさそうです。

どんくさすぎる猫

高齢や怪我をしているわけでもないのに、ジャンプが苦手で下りられずにおろおろしていたり、遊んでいる最中にあちこちにぶつかっていたりと、飼い主さんをハラハラさせる子も多いのです。怪我にご注意を！

病院が大好きな猫

「病院ウェルカム、むしろ楽しい♡」という猫さんもいるのです！獣医師を怖がらず、喉を鳴らしてなでさせてくれて、診察室の探検までする子も。普段しゃーしゃー言われがちなので、やっぱり嬉しいですね。

寂しがり屋の猫

猫さんといえば、ツンデレ。でも実際は、ベタベタに甘えん坊な猫さんも多いです。家にいるときは飼い主さんのそばを離れず、移動するたびに追いかけてきて「すとーにゃん」化する子も。目が合うとたまりませんよね～！

暗くて狭いところに興味がない猫

猫さんは本能的に暗くて狭いところだと、落ち着く性質を持っています。でも、なかには暗いところも狭いところも、ぜんぜん関心がない猫さんもいます。寝るときもお腹を丸出しで、オープンなスペースにどーん！（笑）

ふかふか苦手猫

一定数いる「ふかふかしたものは嫌い」という猫さん。そんな猫さんたちは、飼い主さんがせっかく用意したクッションや毛布を避けて通り、反対に棚やテーブルの上など硬いところをこよなく愛するのです。

猫さんと出会って

人生変わったエピソード集

その4

行き詰まった人生が愛猫の「ママ」になって一変！

ラフィママ（東京都）
愛猫：ラフィ
（男の子・4歳）

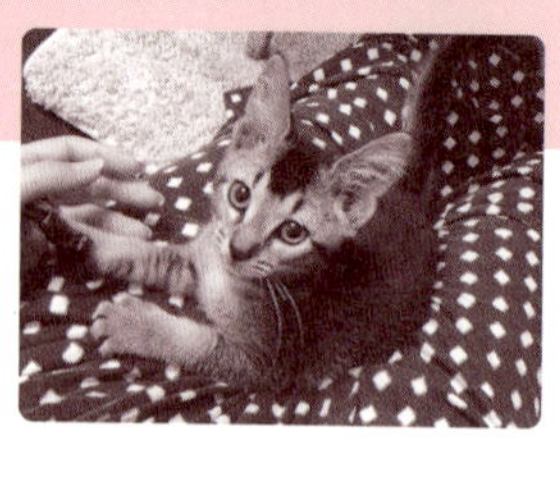

「初めてお家に来た日の1枚。到着して3時間後にはおひざに乗ってくれました」

失敗続きの30代で摂食障害に

30代後半になって、人生が行き詰まりました。仕事では無理をしすぎて空回りし、プライベートの人間関係もうまくいかないことが増え、恋愛も迷走して失敗続き。そんなときに私が患ったのが摂食障害でした。

軽い気持ちで始めたダイエットがきっかけです。きちんと取り組んだら面白いように痩せていくのが嬉しくて、気づいたらどっぷりハマっていました。でも、そのうちに、食べるのが怖い、でも食べたい……という気持ちから、過食してはすべてを吐き出すようになってしまったのです。

自分でも何かがおかしいと思いながらも、専門家の助けが必要だと気づくまで数年かかりました。心療内科に通うようになっても染みついた考え方の癖はなかなか治らず、毎日が自己嫌悪。ダイエットすらうまくいかない自分が嫌いで、生きているのが苦しかったです。

それから3～4年ほどかけて自分と向き合い、少しずつ症状は穏やかになっていきましたが、なかなか好きなものを好きなように食べることができず、苦しい日々は続きました。「もう治らない前提で、この病気とうまく付き合っていくしかないのかも」と思い始めていたころ、ラフィちゃんに出会いました。

※このコラムは、ねこ先生が運営する「アニセフ」内のコミュニティ「猫ツナ会」メンバーのエピソードを掲載しています。

「運動神経が抜群！ たくさん遊んで育ったのでムキムキです」

ママになる覚悟を決めた日

ある日、何度か通っていた猫さんのお店で、小さなケージのなか、これまた小さなトンネルを何度も猛ダッシュで走り抜ける元気いっぱいな子猫が目に留まりました。その自由でのびやかな姿を見て「私の家なら、もっと広いところを好きなように走らせてあげられるのに」と思ったことを覚えています。

その日からどうしてもその子が忘れられず、たまたま私がペット可マンションに住んでいたことと、フリーランスで働いているのでほぼ自宅にいることからお迎えを決めました。

とはいえ、直前まで「こんなダメな私が、ひとつの命を預かることができるのか」とは考え続けていました。でも、お迎えに行く日が近づくうちに「まったく知らない家に、ひとりで連れてこられる子猫のほうが緊張しているはず。ここは私が覚悟を決めて『ママ』になりきって、フリでもいいから落ち着いて迎えてあげよう」と思ったのです。

久しぶりに自分を好きになれた

その日から、私はラフィちゃんの「ママ」になりました。やんちゃで好奇心旺盛、遊ぶのも走り回るのも大好きで、甘えん坊のラフィちゃんからは片時も目が離せず、生活が一変しました。

いつも心穏やかに接してあげたいので、気分がダウンするような場や相手は避けるように。ラフィちゃんが遊べるように片づける習慣がつき、朝早く起こされるので早寝早起きになり……と生活がどんどん整っていき、そのうちに私はそれまでどれだけ自分を大切にしない生活をしてきたかに気づいたのです。本来の自分に戻っていく感覚

「甘えん坊で、構ってほしがり♡」

ねこ先生から一言！

「アニマル・セラピー（動物介在療法）」というものがあります。動物とふれあうことでリラックスできて、不安が軽くなったり、生きる気力が高まったりするとされ、医療や介護の現場で使われていることもあります。ラフィちゃんママはつらい日々のなか、ラフィちゃんの存在に癒やされ、セラピー効果に近いものを得られたのかもしれませんね。

「要求鳴きキングです（笑）。私がそれを喜んでしまうのでますます……」

がありました。

そしてラフィちゃんと毎日遊び、たくさんなで、一緒に眠るうちに、久しぶりに私は自分のことを好きになることができました。ある日「今、こうして何よりも大切な命を守っている私のことを、私は好きだ」と感じたのです。

さらに、「ラフィちゃんに心配をかけたくない」という思いから、次第に摂食障害の症状もおさまっていきました。ラフィちゃんが1歳半になるころには、「気づいたら過食も拒食もめったにしていない」となっていたのです！（今ではまったくありません）

遠慮と無理と我慢をしなくていいように暮らす

わが家には、私が決めた家訓があります。それは「遠慮と無理と我慢をしない」です。

私自身が遠慮と無理と我慢を重ねまくって病んだ経験があるから、ラフィちゃんがなるべくそんな思いをしなくて済むように、生活のすべてを整えてあげるのが私の役目だと思っています。もちろん、いつか病気をしたら治療のために我慢してもらうことはあるかもしれません。でも、そうならないよう、最大限の努力をしたいです。

そして、毎日ラフィちゃんに家訓を話しながら、おそらく私は自分自身にもそれを言い聞かせているのだと思います。もう遠慮と無理と我慢をしなくていいように、心地よく生きられるように。それを教えてくれたラフィちゃんは、最愛のわが子であり、恩人（恩猫）でもあるのです♡

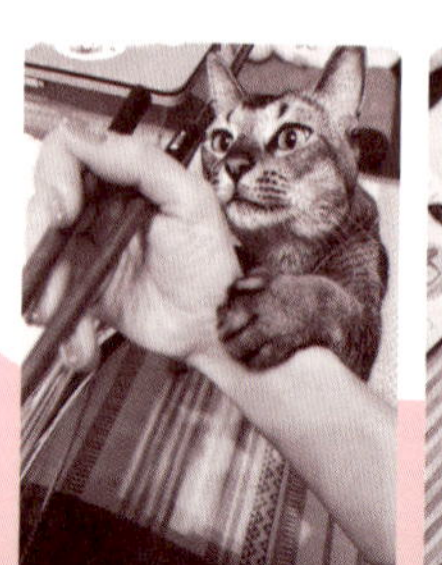

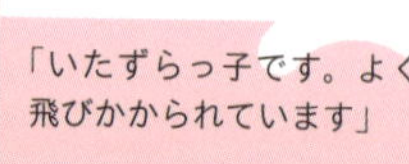

「いたずらっ子です。よく飛びかかられています」

まだまだ ある！

猫さんと出会って 人生変わったエピソード集

ふらふらした考えしかなかった自分を、「しっかりしろ」と地面につなぎ止めてくれた。**猫は生きることの師匠です。**

トッチのかあちゃん
愛猫：トッチ（本名・寅子）♀

幸福度が爆上がりしました♡
猫さんってほんとにすごいですね！ 頭の先から爪先まで、毛の1本でさえ癒やしです！ ひとりで家にいるのが苦手で、以前は夜しょっちゅう出歩いてましたが、今は出かけて5分と経たないうちに猫さんに会いたくなり、予定が終われば爆速マッハ帰宅です！ 恐ろしい猫沼！

ミロママ
愛猫：ミロ♂

昔は些細なことでイライラしていました。でもぱるちゃんが来てくれてからは、ぱるちゃんを愛でる家族を見てるだけで幸せを感じます。何より、**私が穏やかだと、家族も穏やか♡**

ぱるママ
愛猫：ぱるむ♀

一択を保護して改めて猫の魅力を知りました。かわいいという言葉だけでは足りず、**これが俗に言う「目に入れても痛くない」というやつなのか!?** 毎日毎日、かわいいと好きを更新し続けております。もちろん、とても繊細な生き物で戸惑いや悩みもあります。でも、それ以上に**毎日の癒やしで私の心を豊かにし、穏やかにしてくれ、視野を広げてくれています。**

一択ママ
愛猫：一択♀

結婚1年目のころには、**旦那さんとうまくいかず離婚も考えていましたが、猫を迎えて「子はかすがい」のようになりました。**私たちに子どもはいませんが、気づけば結婚7年目です。今では猫たちと離れることが考えられず、猫たちのために家を買う（建てる）ことを検討中です。

はなすずママ
愛猫：はな♀　すず♀

※このコラムは、ねこ先生が運営する「アニセフ」内のコミュニティ「猫ツナ会」メンバーのエピソードを掲載しています。

COLUMN

猫たちをお迎えして、自分の性格を見直すことができるようになりました。もともと「〇〇〇しなければならない」という、少し頑固で几帳面で融通のきかない性格だったのです。それでいて、どこか人に気を使って疲れてしまう……。**でも、自分に素直に生きている猫さんを見て、私も周りの評価を気にすることなく行動すればいいのかな**と、この歳でようやく思えるようになりました。

まーグリママ
愛猫：まー子♀　グリン♂

動物と暮らしたことのない人生でしたが、猫ファーストというか、猫セカンドの人生になりました。「自分も猫もそれぞれ、楽しく！」と思っているので、ファーストではなくセカンドくらいなのですが、かなり生活は変わりました！ さん太と暮らし始めて、**今は生きがいというか、頑張る理由ができました。**責任感が出て、仕事のモチベーションになっています。

深井麗子
愛猫：さん太♂

22年前、結婚して住んだことのない町に来て1年が経ったころ。家の近くのペットショップで、ケージの中でそれはもう怒りまくっている女の子のメインクーンを見つけました。明らかな暴れん坊なのに私も夫も魅了され、秋にやってきた茶色の毛の女の子なので、名前はマロンにしました。**知らない町で友達もほとんどいなかった私にとって、マロンは親友になりました。**すっかり猫沼にハマった我が家には、そこからショコラ、タルト、ボンボンという3匹の男子たちが来ることになるわけですが、**猫が増えるたびになぜか私の人間の友達が増えていきました。**私の生活、友達や家族との会話にはいつも猫がいます。猫たちはもうお空にいますが、いつも私の心の中心にいてくれます。悲しいこともあるけれど、きっと一生猫と暮らすと思います。

タルトママ
愛猫：マロン♀　ショコラ♂
タルト♂　ボンボン♂

私は子どもに恵まれませんでした。でも、子どもがほしかったのです。子どもがいない自分が惨めで大嫌いでした。でも、**ツナとマヨが来てくれたことで、ふたりのママになることができました。**想像していたよりも猫もコミュニケーションが取れるし、家族だなぁと感じる場面がたくさんあります。

ツナマヨママ
愛猫：ツナ♂　マヨ♂

愛猫をなでていれば、どんな辛いことがあってもネガティブな気持ちはどこかに飛んで行き、乗り切れるのです。守りたいと思っていた小さな命は私の生きがいとなり、**知らぬ間に助けてくれている存在に変わりました**。獣医師のくせに、猫たちの体調に一喜一憂する日々です。

みっきー先生
愛猫：ぽかり♂　くろず♂

人生変わったというか、猫は私を生き返らせてくれましたね。うつだった時期があり、死も頭をよぎっていた頃に初代猫がやってきました。わが家に来て2年3カ月で亡くなってしまいましたが、本当に私の命を救ってくれたと思っています。2代目のときも、私はまだうつでけっこうアップダウンがありました。でも、その子が病気で亡くなる前、必死で看病をしているうちに気づいたらほぼうつは気にならなくなっていました。

初代猫は命を救ってくれて、2代目は私を人間に戻してくれたのだと思います。人間に戻った私で迎えた現在の3&4代目のソルとレイも、何か役割を背負っているのかもしれません。

ソルレイママ
愛猫：レオ♂　グレ♂
ソル♂　レイ♀

ねこ先生から一言！

人が変わるのは難しいとよく言われますが、猫さんにはこれほど多くの方々の人生を変えてしまうパワーがあるのだと改めて実感しました！　しかも変わった度合いの大きさたるや……！！　こういうお話を読むと、獣医師として「猫さんだけでなく飼い主さんも幸せにしていくサポートをしていかねば！」と使命のようなものを感じますね♡

根来沙弥（ねごろ さや）
酪農学園大学獣医学部獣医学科卒業。動物病院にて勤務後、外資系ペットフード会社およびペットテック企業で家庭における犬猫の健康管理に従事。Instagram で「獣医ねこ先生」として 2.1 万人のフォロワーを持ち、獣医師として猫が本当に幸せな生活方法を発信し、家庭内での健康と幸せをサポートしている。また、オンライン相談サービス「アニセフ」を立ち上げ、知識と経験を活かして幅広く活動中。さらに、東京農工大学農学部附属動物医療センター動物行動科で犬猫の問題行動治療を専門的に学び、臨床に携わっている。
Instagram → @nekosensei_vet

ツンツン猫をデレデレにする方法
猫のホントの気持ちを学ぶ動物行動学

2025 年 2 月 20 日　初版発行

著者／根来沙弥

発行者／山下直久

発行／株式会社 KADOKAWA
〒102-8177　東京都千代田区富士見 2-13-3
電話 0570-002-301 (ナビダイヤル)

印刷・製本／TOPPANクロレ株式会社

●お問い合わせ
https://www.kadokawa.co.jp/（「お問い合わせ」へお進みください）
※内容によっては、お答えできない場合があります。
※サポートは日本国内のみとさせていただきます。
※ Japanese text only

定価はカバーに表示してあります。

ISBN978-4-04-115363-5　C0095